幼兒營養與膳食

（第二版）

董家堯　黃韶顏　著

作者簡介

董家堯（負責第一章～第七章）

密西根州立大學人類營養學博士

營養師國家考試合格

現任輔英科技大學保健營養系助理教授

黃韶顏（負責第八章～第十四章）

國立台灣師範大學家政教育研究所博士

曾任輔仁大學生活應用科學系教授兼系主任

　　　輔仁大學民生學院院長

　　　稻江科技暨管理學院餐旅管理學系教授兼校長

現任輔仁大學餐旅管理學系教授

再版序

　　在人生開始的最初幾年，均衡的飲食及充足的營養，除了可以充分滿足此階段幼兒正常的生長與發育外，更可協助幼兒建立良好的飲食型態，奠定未來一生健康的基礎。數年前，有機會能在輔英科技大學幼兒保育系教授「幼兒膳食與營養」的課程，卻發現很難選擇一本適合同學們修習此門課程的參考書籍。主要原因是大多數的相關書籍，仍以營養專業人員的角度來說明幼兒營養的學理，而較無法針對幼教或是幼保學生的背景及實際需求來安排適當的內容。這是筆者撰寫《幼兒營養與膳食》這本書的最初動機。

　　為了使本書的內容更能充分符合幼兒教保人員的需求，很榮幸的能夠邀請到，在幼兒膳食方面有超過二十年教學與實務經驗的黃韶顏教授，在百忙之餘負責幼兒膳食的設計與製作，以及幼兒營養教育部分的編寫，使得這本書的內容更為充實且具有實用性，不但可供幼兒教保相關學生學習之用，也可提供幼教機構在設計幼兒餐飲的實務上作為一本很好的參考書籍。

　　本書的內容分為：基礎營養知識、營養與幼兒、幼兒餐飲設計原則與方法、幼兒飲食型態與營養教育等四大部分。本書的撰寫主要是針對較缺乏生化、生理背景的學生，以較淺顯及生活化的方式，幫助他們了解並建立基礎的營養知識，學習如何評估幼兒的營養狀況及需求，從而能進一步的將所學應用於幼兒的餐飲設計，及規劃出生動活潑的營養教育課程。希望藉由此書的內容能協助幼兒保育工作者為台灣培育出更多、更健康的下一代。

　　本書的完成參考了國內外先進碩學之研究與著作，特此致謝，並感謝輔英科技大學保健營養系李昀與楊家如同學協助對內文的校正。由於營養新知日新月異，雖然已藉由此書分享了諸多幼兒營養專家們的寶貴意見，但為了能提供國內幼兒保育工作者更有用、更確實的營養資訊，衷心歡迎讀者與專家先進不吝給予本人一些寶貴的建議與指正。

董家堯
於 2009 年 4 月

目錄

第二篇

基礎營養知識

第1章

概　論

　　營養學（Nutrition），如果我們用最簡單的方法來解釋它，即是研究食物及其內含之營養素與人體健康關係間的一門學問。雖是簡單的一句話，但是卻包含了我們必須要仔細探討的下面三個重要的內容：(1)認識食物及其所含之營養素；(2)營養素的種類、特性、功能及其與人體健康之關係；(3)人體對於營養素的攝取、消化、吸收、運送、貯存、利用及代謝之整體過程。

　　營養學是一門很新且需要隨著人類文明的進步而不斷更新的科學，也就是說，昔日營養學的知識未必能適用於今日之社會，而今日所學習到的營養概念，也必須隨著科技與社會文明之發展而有所修正。比方說四、五十年前，台灣還是一個以農業為主的社會，人民的平均所得很低，因此高蛋白質、高脂肪的食物即被認為是營養高的飲食；時至今日，社會富裕、家家戶戶豐衣足食，大家也不再要求吃的飽，而是要吃的好、吃的少；對於食物的需求也由從前的高脂肪、高蛋白質轉變爲增加醣類及纖維素的攝取。所以除了需了解營養素在生理生化上之功用與原理外，更需結合社會學與心理學方面的知識，加以應用，才能達到預防疾病與維持身體健康的目的。

一、營養素的分類

　　人類依靠食物來維持生命與成長發育，食物對於人體主要的功能有：

　　　1. 提供人體每日所需要的能量。

　　　2. 修補及建構身體組織。

　　　3. 調節身體新陳代謝。

　　這些功能都是依靠食物中所含有的各種營養素來達成；因此簡單的說，營養素就是存在於食物中可提供人體生長發育及維持健康的化學成分。依照營養素對身體功用的不同，我們把營養素分成了醣類、脂肪、蛋白質、維生素、礦物質和水等六大類。如表 1-1 所示。

表 1-1　營養素對人體的功能

功能	營養素
提供能量	醣類、脂肪、蛋白質
修補及建構身體	蛋白質、脂肪、礦物質、水
調節身體的新陳代謝	蛋白質、脂肪、維生素、礦物質、水

為了維持身體內組織的正常運作，人體需要有足夠的營養素來提供日常活動時熱量的消耗及支應體內的新陳代謝，以維持身體健康。營養素中醣類、脂肪及蛋白質為能量的主要來源，也是提供建構身體組織的重要成分，因為每日的需要量很大，達數十至數百公克，所以我們稱其為「巨量營養素」（macro nutrients）。而維生素及礦物質在身體內主要的功能為參與體內新陳代謝的反應，其擔任觸媒的角色，需要量相對較少，每日的需求量僅為數毫克或更低，因此稱之為「微量營養素」（micro nutrients）。目前已經知道有五十幾種營養素是人體所必需的，由於這些營養素在人體內無法製造或是合成量不足，必須要靠食物來供給，因此也稱之為「必需營養素」。

二、食物的分類

　　若分析每一種食物的成分，會發現它們均含有一種以上之營養素。若我們依據食物所含之主要營養素來加以區分，則可將食物分為：(1)五穀根莖類；(2)肉魚豆蛋類；(3)奶類；(4)油脂類；(5)蔬菜類；(6)水果類等六大類食物。

(一)五穀根莖類

　　五穀根莖類也就是一般所謂的主食類，包括了稻米、小米、玉米、小麥、燕麥、蕎麥、甘薯、馬鈴薯等，這些食物是人體每日活動所需能量之主要來源。此外，它們也含有少量的蛋白質及纖維素。雖然五穀根莖類食物的蛋白質品質較差，但仍是一些較爲落後的國家及地區民眾蛋白質之主要來源。

㈡肉魚豆蛋類

此類食物主要供應了維持人體生長與發育所必需之蛋白質來源。由於台灣的生活水準日益提高，大部分之國人對於肉魚豆蛋類食物之攝取均不虞匱乏；由於攝食肉、魚類常伴隨著高含量之飽和脂肪酸，蛋類（蛋黃）又含有豐富之膽固醇，因此國人由於過量的攝取此類食物而導致的心血管疾病、高血脂、高尿酸血症、痛風等疾病之罹患率日漸增加。

㈢奶類

此類食物除一般飲用的牛、羊奶外，尙包括了起司、優酪乳、冰淇淋、奶昔等乳製加工品。奶類除了含有品質極優良的蛋白質外，其中含量豐富的鈣質更是提供青少年生長發育，及預防更年期婦女罹患骨質疏鬆症不可或缺的礦物質。由於近幾次的國民營養調查均顯示國人對於奶類之攝取量長期偏低，加之婦女罹患骨質疏鬆症之比率逐年增多，行政院衛生署特別將奶類由原先的五大類食物中獨立出來，以鼓勵國人增加奶類之攝取。

㈣油脂類

此類食物包含了日常烹調時常用之沙拉油、玉米油、花生油等植物性油脂，及牛、豬油等動物性脂肪。值得一提的是，在一般禽畜類的表皮層及肉中亦含有大量的可見或是不可見之脂肪，而此類脂肪常為大家進食時所忽略，是造成現代人肥胖及心血管疾病之重要原因。

㈤蔬菜類

蔬菜類中的水分占了極大部分，亦含有少量的蛋白質及醣類，但是蔬菜卻提供了豐富的維生素、礦物質與膳食纖維。由於某些植物的根莖及種子部分含有大量的澱粉，所以在分類上我們將它歸於主食類，如蕃薯、玉米、馬鈴薯等；而黃豆、綠豆等豆科植物，由於含有豐富的蛋白質，因此也不屬於蔬菜類。蔬菜類中維生素及礦物質的含量，常隨著顏色增加而愈豐富，也因此每日在攝取蔬菜時，最好至少能有一種為深綠或是深黃色的蔬菜。

㈥水果類

除了含有少量的醣類及蛋白質外，水果與蔬菜類一樣也提供了豐富的維生素、礦物質及膳食纖維。其中，維生素以柑橘、柳丁等枸櫞類水果的含量較為豐富。

三、均衡健康的飲食選擇

㈠每日飲食建議攝取量表

每日營養素建議攝取量表（Dietary Reference Intakes, DRIs），是行政院衛生署依照歷年來之營養調查、學者專家之研究結果，及參考美、日等國之營養素攝取標準，按每個人之年齡、性別及工作量之差異而訂定出各種營養素之需要量（如表 1-2 所示）。每一位健康的國民都可以在表中找到合乎他自己每日營養素之需要量。每日營養素建議攝取量表之製訂，主要是針對全體國民而較無法兼顧個體間之差異，因此此表主要之功用在於：(1)可做為國家營養政策擬定及施行之依據；(2)餐飲業和食品加工業者在菜單設計及規劃產品之參考；(3)營養師及醫護人員在為團體或是個人做飲食設計或是營養評估時之標準。對於一般非營養專業人員而言，每日營養素建議攝取量表無法告訴我們，每日應攝取哪些食物及應攝取多少才可滿足每日營養的需求，因此對於一般國民，行政院衛生署又發展出了國民飲食指南及飲食指標，來協助一般國人能夠很容易的選擇食物來滿足每個人一天營養的需要。

表 1-2　每日營養素建議攝取量
（Recommended Dietary Nutrient Allowances）

				RDA	AI	AI	RDA	*	RDA
營養素	身高	體重	熱量	蛋白質	鈣	磷	鎂	碘	鐵
單位 年齡	公分 (cm)	公斤 (kg)	大卡 (kcal)	公克 (g)	毫克 (mg)	毫克 (mg)	毫克 (mg)	微克 (μg)	毫克 (mg)
0月~	57.0	5.1	110-120/公斤	2.4/公斤	200	150	30	AI=110	7
3月~	64.5	7.0	110-120/公斤	2.2/公斤	300	200	30	AI=110	7
6月~	70.0	8.5	100/公斤	2.0/公斤	400	300	75	AI=130	10
9月~	73.0	9.0	100/公斤	1.7/公斤	400	300	75	AI=130	10
1歲~ (稍低) (適度)	90.0	12.3	1050 1200	20	500	400	80	65	10
4歲~ (稍低) (適度)	男 女 110	男 女 19.0	男 女 1450 1300 1650 1450	男 女 30 30	600	500	男 女 120	90	男 女 10
7歲~ (稍低) (適度)	129	26.4	1800 1550 2050 1750	40 40	800	600	165	100	10
10歲~ (稍低) (適度)	146 150	37 40	1950 1950 2200 2250	50 50	1000	800	230 240	110	15
13歲~ (稍低) (適度)	166 158	51 49	2250 2050 2500 2300	65 60	1200	1000	325 315	120	15
16歲~ (低) (稍低) (適度) (高)	171 161	60 51	2050 1650 2400 1900 2700 2150 3050 2400	70 55	1200	1000	380 315	130	15
19歲~ (低) (稍低) (適度) (高)	169 157	62 51	1950 1600 2250 1800 2550 2050 2850 2300	60 50	1000	800	360 315	140	10 15
31歲~ (低) (稍低) (適度) (高)	168 156	62 53	1850 1550 2150 1800 2450 2050 2750 2300	56 48	1000	800	360 315	140	10 15
51歲~ (低) (稍低) (適度) (高)	165 153	60 52	1750 1500 2050 1800 2300 2050 2550 2300	54 47	1000	800	360 315	140	10
71歲~ (低) (稍低) (適度)	163 150	58 50	1650 1450 1900 1650 2150 1900	58 50	1000	800	360 315	140	10
懷孕 第一期			+0	+0	+0	+0	+35	+60	+0
第二期			+300	+10	+0	+0	+35	+60	+0
第三期			+300	+10	+0	+0	+35	+60	+30
哺乳期			+500	+15	+0	+0	+0	+110	+30

表 1-2　每日營養素建議攝取量（續）

營養素	氟	硒	維生素A[6]	維生素C	維生素D[7]	維生素E[8]	維生素B₁	維生素B₂
	AI	*	*	RDA	AI	AI	*	RDA
單位 年齡[1]	毫克 (mg)	微克 (μg)	微克 (μg RE)	毫克 (mg)	微克 (μg)	毫克 (mg α-TE)	毫克 (mg)	毫克 (mg)
0月~	0.1	AI=15	AI=400	AI=40	10	3	AI=0.2	AI=0.3
3月~	0.3	AI=15	AI=400	AI=40	10	3	AI=0.2	AI=0.3
6月~	0.4	AI=20	AI=400	AI=50	10	4	AI=0.3	AI=0.4
9月~	0.5	AI=20	AI=400	AI=50	10	4	AI=0.3	AI=0.4
1歲~	0.7	20	400	40	5	5		
(稍低)							0.5	0.6
(適度)							0.6	0.7
			男　女				男　女	男　女
4歲~	1.0	25	400	50	5	6		
(稍低)							0.7　0.7	0.8　0.7
(適度)							0.8　0.7	0.9　0.8
7歲~	1.5	30	400	60	5	8		
(稍低)							0.9　0.8	1.0　0.9
(適度)							1.0　0.9	1.1　1.0
10歲~	2.0	40	500　500	80	5	10		
(稍低)							1.0　1.0	1.1　1.1
(適度)							1.1　1.1	1.2　1.2
13歲~	2.0	50	600　500	90	5	12		
(稍低)							1.1　1.0	1.2　1.1
(適度)							1.2　1.1	1.4　1.3
16歲~	3.0	50	700　500	100	5	12		
(低)							1.0　0.8	1.1　0.9
(稍低)							1.2　1.0	1.3　1.0
(適度)							1.3　1.1	1.5　1.2
(高)							1.5　1.2	1.7　1.3
19歲~	3.0	50	600　500	100	5	12		
(低)							1.0　0.8	1.1　0.9
(稍低)							1.1　0.9	1.2　1.0
(適度)							1.3　1.0	1.4　1.1
(高)							1.4　1.1	1.6　1.3
31歲~	3.0	50	600　500	100	5	12		
(低)							0.9　0.8	1.0　0.9
(稍低)							1.1　0.9	1.2　1.0
(適度)							1.2　1.0	1.3　1.1
(高)							1.4　1.1	1.5　1.3
51歲~	3.0	50	600　500	100	10	12		
(低)							0.9　0.8	1.0　0.8
(稍低)							1.0　0.9	1.1　1.0
(適度)							1.1　1.0	1.3　1.1
(高)							1.3　1.1	1.4　1.3
71歲~	3.0	50	600　500	100	10	12		
(低)							0.8　0.7	0.9　0.8
(稍低)							1.0　0.8	1.0　0.9
(適度)							1.1　1.0	1.2　1.0
懷孕　第一期	+0	+10	+0	+10	+5	+2	+0	+0
第二期	+0	+10	+0	+10	+5	+2	+0.2	+0.2
第三期	+0	+10	+100	+10	+5	+2	+0.2	+0.2
哺乳期	+0	+20	+400	+40	+5	+3	+0.3	+0.4

表 1-2 每日營養素建議攝取量（續）

營養素	維生素B6 * RDA	維生素B12 RDA	菸鹼素[註] * RDA		葉酸 RDA	泛酸 AI	生物素 AI	膽鹼 AI	
單位 年齡[1]	毫克(mg)	微克(μg)	毫克(mg NE)		微克(μg)	毫克(mg)	微克(μg)	毫克(mg)	
0月~	AI=0.1	AI=0.3	AI=2mg		AI=65	1.8	5.0	130	
3月~	AI=0.1	AI=0.4	AI=3mg		AI=70	1.8	5.0	130	
6月~	AI=0.3	AI=0.5	AI=4		AI=75	1.9	6.5	150	
9月~	AI=0.3	AI=0.6	AI=5		AI=80	2.0	7.0	160	
1歲~ (稍低) (適度)	0.5	0.9	7	8	150	2.0	8.5	170	
			男	女				男 女	
4歲~ (稍低) (適度)	0.7	1.2	10 11	9 10	200	2.5	12.0	210	
7歲~ (稍低) (適度)	0.9	1.5	12 13	10 11	250	3.0	15.0	270	
10歲~ (稍低) (適度)	1.1	2.0	13 14	13 14	300	4.0	20.0	350 350	
13歲~ (稍低) (適度)	1.3	2.4	15 16	13 15	400	4.5	25.0	450 350	
16歲~ (低) (稍低) (適度) (高)	1.4	2.4	13 16 17 20	11 12 14 16	400	5.0	30.0	450 360	
19歲~ (低) (稍低) (適度) (高)	1.5	2.4	13 15 17 18	11 12 13 15	400	5.0	30.0	450 360	
31歲~ (低) (稍低) (適度) (高)	1.5	2.4	12 14 16 18	10 12 13 15	400	5.0	30.0	450 360	
51歲~ (低) (稍低) (適度) (高)	1.6	2.4	12 13 15 17	10 12 13 15	400	5.0	30.0	450 360	
71歲~ (低) (稍低) (適度)	1.6	2.4	11 12 14	10 11 12	400	5.0	30.0	450 360	
懷孕 第一期	+0.4	+0.2	+0		+200	+1.0	+0	+20	
第二期	+0.4	+0.2	+2		+200	+1.0	+0	+20	
第三期	+0.4	+0.2	+2		+200	+1.0	+0	+20	
哺乳期	+0.4	+0.4	+4		+100	+2.0	+5.0	+140	

資料來源：行政院衛生署 2002 年修訂。

(二)每日飲食指南

　　為了使社會大眾在日常的飲食，能充分達到「每日營養素建議攝取量表」中對於各種營養素的需求，因此行政院衛生署又將「每日營養素建議攝取量」配合了大家較為熟悉的六大類食物，提出了「每日飲食指南」，作為一般成年人在調配或選擇日常飲食時的參考，如圖 1-1 所示；此外飲食指南也可以金字塔的形式來表達，這種方式可以更容易讓一般民眾了解每日應當攝取食物的種類及所占比例的多寡（如圖 1-2 所示）。在金字塔底部是米飯、麵食等主食類，也是每天所需份量最多的食物；再上一層則是來自植物的蔬菜及水果類，此類食物提供了豐富的維生素、礦物質與膳食纖維，因此也應當要增加攝取量；肉魚豆蛋及乳製品這一層是蛋白質、鈣、鐵和鋅的重要來源，因此在每日的飲食中也不可缺乏，但是由於此類食物在目前的飲食型態中有攝取過量之虞，應予適當限制。而最上層則是油脂類及甜食、糖果或含糖飲料，由於此類食物僅提供熱量，卻少有其它營養素，所以應減少此類食物的攝取。由金字塔型飲食指南中可看出，要構成一個完美的金字塔（飲食），除了各類食物均應攝取外，同時也需注意份量的分配，才是最適宜的飲食型態。

　　每日飲食指南提供了一般人每日獲得均衡營養的方法，然而若與目前國人日常飲食習慣相比較，則國人許多不當的飲食行為仍有待改善。為了確保國人健康，預防未來因不良飲食習慣而導致慢性病，行政院衛生署又訂定國民飲食指標來指引出正確的飲食行為，確保國人身體健康。

類別	份量	份量單位說明
五穀根莖類	3～6 碗	每碗：飯一碗（200 公克） 或中型饅頭一個 或土司麵包四片
奶類	1～2 杯	每杯：牛奶一杯（240 c.c.） 或發酵乳一杯（240 c.c.） 或乳酪一片（約 30 公克）
蛋豆魚肉類	4 份	每份：肉或家禽或魚類一兩 （約 30 公克） 或豆腐一塊（100 公克） 或豆漿一杯（240 c.c.） 或蛋一個
蔬菜類	3 碟	每碟：蔬菜三兩（約 100 公克）
水果類	2 個	每個：中型橘子一個（100 公克） 或番石榴一個
油脂類	2～3 湯匙	每湯匙：一湯匙油（15 公克）

圖 1-1　每日飲食指南

資料來源：行政院衛生署（2002）。

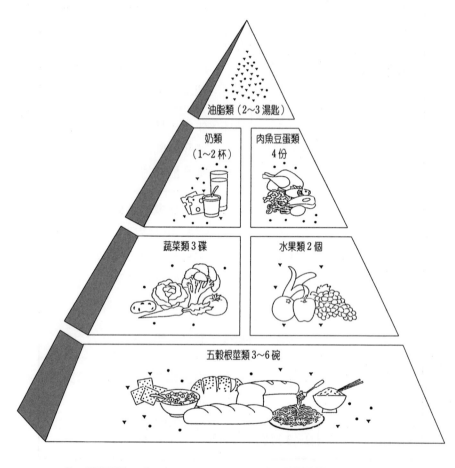

註：●油脂類 Fat（naturally occurring and added）；▼甜點類 Sugars（added）

圖 1-2　美國金字塔型飲食指南

資料來源：美國農業部（1990）。

(三)國民飲食指標

1. 維持理想體重

體重與健康有密切的關係，一個人體重的變化是評估在最近一段時間內營養狀況最好的指標。體重過重容易引起糖尿病、高血壓、心血管疾病等慢性病及部分種類的癌症；體重過輕會使抵抗力降低，容易感染疾病。維持理想體重應從小時候開始；建立良好的飲食習慣及有恆的運動是最佳的途徑。至目前為止，仍無適當答案可明確的告訴一個人健康的體重為何，因為一個人身材的大小會受許多先天及後天環境因素的影響，而會有個別的差異。行政院衛生署根據國人的體型設計了一套簡單的計算公式，可約略的估算每個成年人之健康體重如下：

女性：52+（身高－ 158）× 0.5
男性：62+（身高－ 170）× 0.6

或是由計算身體質量指數（Body Mass Index, BMI）的方法求得， BMI 等於體重（公斤）除以身高的平方（公尺²）。 以國人而言，根據行政院衛生署的資料表示，理想體重之 BMI 值介於 18.5 至 24 之間。

無論是以查表或是以計算的方法得到的理想體重，若與實際體重相比較，在±10%的範圍內皆是正常。若超過理想體重之10%稱之為體重過重；反之，若低於理想體重的 10%則是體重過輕。若實際體重超過了理想體重的20%則就稱之為肥胖（Obesity）。

2. 均衡攝取各類食物

　　沒有單獨的一種食物能含有人體需要的所有營養素；舉例來說，牛奶含有豐富的鈣質但鐵質的含量卻很少，而肉類的鐵質含量很豐富但是其中的鈣質卻很低。為了使身體能夠充分獲得各種營養素，必須均衡攝取各類食物，不可偏食。

　　每天都應攝取五穀根莖類、奶類、蛋豆肉魚類、蔬菜類、水果類及油脂類的食物。食物的選用，以多選用新鮮食物為原則。

3. 三餐以五穀為主食

　　米、麵等穀類食品含有豐富澱粉及多種營養素，是人體最理想的熱量來源，應作為三餐的主食。由歷年來營養調查的結果顯示，國人對於澱粉類食物的攝取占每日總熱量的比率逐年降低，而相對的脂肪及蛋白質的攝取量則愈來愈高，這與國內日漸增多的肥胖、心血管疾病、糖尿病、痛風等慢性疾病有著密切的關係。為避免由飲食中攝取過多的油脂，應維持國人以穀類為主食之傳統飲食習慣。

4. 儘量選用高纖維的食物

　　含有豐富纖維質的食物可預防及改善便秘，並且可以減少罹患大腸癌的機率，亦可降低血膽固醇，有助於預防心血管疾病。

　　食用植物性食物是獲得纖維質的最佳方法，含豐富纖維質
的食物有：豆類、蔬菜類、水果類及糙米、全麥製品、蕃薯等
全穀及根莖類食物。

5.少油、少鹽、少糖的飲食原則

　　高脂肪飲食與肥胖、脂肪肝、心血管疾病及某些癌症有密
切的關係。飽和脂肪酸及膽固醇含量高的飲食，更是造成心血
管疾病的主要因素之一。

　　下列為降低攝取脂肪及膽固醇的一些簡單方法：

　　＊烹調時減少用油量，儘量以清蒸或水煮代替油煎或油炸。

　　＊購買時選擇瘦肉或於烹調前去除可見之脂肪。

　　＊食用家禽類時，記得去除皮及可見油脂。

　　＊適量的食用蛋黃及動物內臟可減少膽固醇之攝取。

　　＊以植物油替代動物油，以減少動物性油脂之攝取。

　　平時應少吃肥肉、五花肉、肉燥、香腸、核果類、油酥類
點心及高油脂零食等脂肪含量高的食物，日常也應少吃內臟和
蛋黃、魚卵等膽固醇含量高的食物。烹調時應儘量少用油，且
多用蒸、煮、煎、炒代替油炸的方式，可減少油脂的用量。

　　食鹽的主要成分是鈉，經常攝取高鈉食物容易患高血壓。
烹調應少用鹽及含有高量食鹽或鈉的調味品，如：味精、醬油
及各式調味醬；並少吃醃漬品及調味濃重的零食或加工食品。

　　糖除了提供熱量外，幾乎不含其他營養素，又易引起蛀牙
及肥胖，應儘量減少食用。通常中西式糕餅不僅多糖也多油，

更應節制食用。

6. 多攝取鈣質豐富的食物

鈣是構成骨骼及牙齒的主要成分，攝取足夠的鈣質，可促進正常的生長發育，並預防骨質疏鬆症。國人的飲食習慣，鈣質攝取量較不足，宜多攝取鈣質豐富的食物。

牛奶含豐富的鈣質，且最易被人體吸收，每天應至少飲用1至2杯。其它鈣質較多的食物有奶製品、小魚乾、豆製品和深綠色蔬菜等。

7. 多喝白開水

水是維持生命的必要物質，可以調節體溫，幫助消化吸收、運送養分、預防及改善便秘等。每天應攝取約6至8杯的水。

白開水是人體最健康、最經濟的水分來源，應養成喝白開水的習慣。市售飲料常含高糖分，經常飲用不利於理想體重及血脂肪的控制。

8. 飲酒要節制

如果飲酒，應加節制。

飲酒過量會影響各種營養素的吸收及利用，容易造成營養不良及肝臟疾病，也會影響思考判斷力，引起意外事件。

懷孕期間飲酒，容易產生畸型及體重不足的嬰兒。

附錄：營養學上常用的單位

1. 熱量單位：1 卡（calorie）：是使 1 公克水升高 1℃ 所需的能量。

　　　　　　1 仟卡（Kcal）：1000 cal

　　　　　　1 仟卡（Kcal）＝ 4.18 仟焦耳（Kjoule）

2. 重量單位：1 公斤＝ 1000 克（gram）

　　　　　　1 台斤＝ 600 克＝ 16 兩

　　　　　　1 磅（pound）＝ 454 克＝ 16 安士（英兩）

　　　　　　（ounce）

　　　　　　1 安士≒30 克

3. 容量單位：1 茶匙（tea spoon, 1t）= 5 cc.

　　　　　　1 湯匙（Table spoon, 1T）= 15 cc.

　　　　　　1 杯（Cup）≒ 240 cc.

第**2**章

醣類、脂肪及蛋白質

　　醣類、脂肪及蛋白質是提供人體能量的主要來源，由於人體每日對此三種營養素之需求量遠大於對其它營養素之需求，因此也稱之為「巨量營養素」（macro nutrients）。在人體內醣類與蛋白質每公克約可產生四大卡的熱量，脂肪一公克則可產生九大卡的熱量，而其中醣類所供應的熱量約占了人體每日所需總熱量的一半以上。目前在世界上一些以農業社會為主及開發中的國家，其醣類的攝取高達人體每日總熱量的 75%，而我國及大部分西方國家醣類的攝取量卻日益降低，脂肪及蛋白質占總熱量的比例則愈來愈高。許多的研究證實正常人熱量的攝取應以醣類為主，太多的脂肪及蛋白質的攝取，則是造成今日肥胖、心血管疾病、糖尿病、痛風、腎臟病變等文明病的重要原因。行政院衛生署也建議合理的熱量攝取應該為醣類63%（容許範圍 58%至 68%），蛋白質 12%（10%至 14%），脂肪 25%

（20%至30%），因此如何增加醣類攝取，選擇高品質的蛋白質及減少動物性脂肪的攝取，是現代的社會人們所必須了解與實踐的！

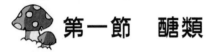 # 第一節　醣類

醣類主要是由碳、氫、氧三種元素所構成，而其中氫與氧的比例爲 2：1，正好與水一樣。所以我們又將其稱之爲碳水化合物（carbohydrate）；$Cm(H_2O)n$。醣類是自然界中含量最豐富的有機物質，在植物的組成成分中醣類約占了 70%至 90％；植物的根、莖、葉、種子、果實及花等部分均含有豐富的醣類。「醣」與「糖」常是一般人常混淆不清的兩個字；一般而言，「醣」是指某一種類的碳水化合物，如下面將提到醣類分類中的單醣、雙醣、寡醣與多醣；而「糖」則是特別指一般具有甜味的某一種碳水化合物，如葡萄糖、乳糖、果糖等。

一、醣類的分類

(一)單醣（monosaccharides）

單醣是指在溫和的水解環境中無法再分解的單一醣分子，其中對人體最重要的單醣爲六碳糖中的葡萄糖（Glucose）、果糖（Fructose）與半乳糖（Galactose），化學結構如圖 2-1 所示。

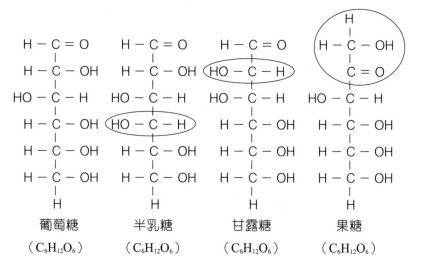

圖 2-1　單醣的化學結構

1. 葡萄糖

　　葡萄糖是人體攝取的多醣及雙醣在經消化吸收後的主要最終產物，是細胞作為能量來源的主要醣類，也是醣類在血液循環中運送的形式，因此也叫作血糖。葡萄糖主要存在於葡萄、柑橘等水果中，而人體則以攝取五穀根莖類及甜食中所含的蔗糖、麥芽糖經消化後所得到的葡萄糖為主要來源，在用餐後過多的血糖則會轉變成肝醣，貯存於肝臟及肌肉中，以備飢餓時使用。

2.果糖

果糖的溶解度很高，不易形成結晶，是自然界中甜度最高的糖，比蔗糖及葡萄糖的甜度高出甚多（如表2-1所示），果糖可以由蔗糖水解產生，亦可由葡萄糖轉變而得，在自然界中多存在於蜂蜜及水果中。

表 2-1　常見糖類甜度

種類	相對甜度
果糖	120～170
蔗糖	100
葡萄糖	70
麥芽糖	46
乳糖	16
代糖（阿斯巴甜）	180

註：相對甜度即是以蔗糖為標準，設定值為 100，其餘糖類則為與
　　蔗糖的比較值。

3.半乳糖

半乳糖為乳糖之消化後產物，在自然界中並不存在，所以主要來源為奶類；部分的豆類中，也含有半乳糖。半乳糖血症（galactosemia）是一種發生在嬰兒身上的遺傳性疾病。嬰兒由於遺傳缺陷，體內缺乏使半乳糖轉變為葡萄糖的酶，使得半乳糖在血液中的濃度升高，嚴重時會造成白內障及心智發展遲緩

等症狀，在治療上應去除飲食中的乳糖來源。以黃豆為主要原料的嬰兒奶粉取代母乳，或是以牛奶為主要成分的嬰兒奶粉，可以避免嬰兒發生嚴重併發症。

(二)雙醣（disaccharides）

雙醣是由兩個單醣分子所構成的醣類，在人體的代謝中雙醣並不重要，主要的原因是雙醣必須經過人體消化後分解成單醣才能為人體所利用，較常見的雙醣為：蔗糖（Sucrose）、麥芽糖（Maltose）及乳糖（Lactose）。其糖分子之組成如下：

蔗　糖＝葡萄糖＋果　糖

麥芽糖＝葡萄糖＋葡萄糖

乳　糖＝葡萄糖＋半乳糖

1.蔗糖

蔗糖為日常生活中使用最普遍的糖，如一般常用的砂糖、紅糖。主要存在於甘蔗、甜菜、糖蜜（molasses）、楓糖中，許多的水果及蔬菜中亦含有少量的蔗糖。

2.麥芽糖

在自然界中並不廣泛存在，麥芽糖主要是澱粉水解過程中的中間產物，常出現在麵包及啤酒製作過程中的發酵階段。糊精（dextrin）及麥芽糖因人體較易消化吸收，故常作為嬰兒配方飲食中醣類的來源。

3.乳糖

乳糖是唯一來自動物的雙醣類，在人奶中約占 7.5%，牛奶則為 4.5%。乳糖的甜度較低，約僅為蔗糖的六分之一，為嬰兒時期最重要的醣類來源。

(三)多醣類（polysaccharides）

是由許多個單醣分子所聚合而成的巨大分子，結構可由數百個至數千個單醣分子所組成。由於構造複雜，因此多醣類的特性與單醣極為不同。它不具甜味，不溶於水，也不易形成結晶。多醣可分成兩大類：一種為醣類的貯存形式，可供人體消化利用，如：澱粉（starch）及肝醣（glycogen）；另一種人體無法消化利用，我們將其統稱為膳食纖維（dietary fiber）。

1.澱粉

是植物中醣類儲存的形式，由數百個至數千個葡萄糖分子所構成。通常存在於植物的根部、塊莖、果實與種子中，澱粉顆粒的外層為纖維素所包裹，不溶於水；在經過加熱後澱粉粒吸水膨脹，纖維素層破裂，此時的澱粉方可為腸道的酵素分解消化。在澱粉水解的過程中，會產生一些短鏈的葡萄糖分子，我們稱之為糊精（dextrin）；相較於澱粉而言，糊精較易於被腸道酵素分解、吸收。因此糊精常被添加於嬰幼兒及吸收不良患者的配方飲食中，以增加其熱量的攝取，在麵粉的乾熱焦化過程，如麵茶及烤麵包中，也會產生一些糊精。

2.肝醣

又被稱為動物澱粉，主要儲存於肝臟及肌肉中。當饑餓時，肝臟中的肝醣可以迅速轉變成為葡萄糖以維持血糖之濃度，也可轉變成為能量供應身體利用。人體貯存肝醣的量僅約三百五十克，故肝醣僅能提供身體短期能量之需要；人若是長期處於饑餓或是禁食的狀態中，就必須依靠其它的營養素，如脂肪及蛋白質，來作為熱量的來源。

3.膳食纖維

膳食纖維在營養學上泛指那些來自植物性食物，在消化道中不能被人體酵素所分解之物質，其中部分可為大腸內的細菌所分解，其它則構成了糞便的主要成分，排出體外。通常我們將膳食纖維依據其對水的溶解度，分成了水溶性膳食纖維與非水溶性膳食纖維兩大類。

非水溶性膳食纖維包括了纖維素（cellulose）、半纖維素（hemi-cellulose）及非多醣類的木質素（lignins），如全穀類食物、蔬菜、小麥、豆類等。水溶性膳食纖維主要為植物的細胞與細胞間之膠狀物質，如果膠（pectin）、海藻膠（algal gums）、植物黏膠（mucilages）等，主要的食物來源如蘋果、柑橘、草莓、燕麥、豆類等。常見市售之果凍、蒟蒻等，其原料主要為果膠、植物膠等，均屬於此類膳食纖維。

近年來膳食纖維在現代人的飲食生活上所扮演的角色日益重要，由於西方國家愈來愈趨向高脂肪、高蛋白質、低纖維素的飲食型態，同時我們也見到在這些國家中糖尿病、心血管疾病、肥胖、大腸癌、憩室炎等疾病的發生比例也逐年增加，因此許多的學者也針對兩者間的關係開始進行研究。但是由於膳食纖維的結構複雜，種類繁多，某一類膳食纖維之特性，常常無法運用於所有的膳食纖維，因此研究之結果爭議頗多，尚需進一步釐清。目前為大部分學者所接受膳食纖維的功能有：

1.增加糞便體積，刺激腸道蠕動及維持腸道內的壓力正常，因此可縮短糞便在腸道停留時間，可預防便秘、憩室炎及痔瘡等疾病。

2.吸附水分，除了可軟化糞便、促進排便外，更可稀釋腸道有害物質，減少致癌因子與腸道接觸之時間，預防大腸癌的發生。

3.無熱量之實體，可以延長胃排空的時間，增加飽足感，降低熱量攝取以預防肥胖。

4.部分水溶性膳食纖維（如豆類及燕麥），可減緩醣類的吸收速率，以維持血糖的穩定。

5.可吸附膽酸，增加膽酸的排除，減少膽酸的再吸收，如此則可降低肝臟製造膽固醇的量，預防心血管疾病的發生。

二、醣類的消化吸收

醣類之消化由口腔開始，由口腔唾液腺所分泌的唾液澱粉酶將澱粉初步分解，小腸液與胰液的澱粉酶進一步的將澱粉水解為麥芽糖及糊精，而雙醣中的蔗糖及乳糖，也分別水解為果糖、葡萄糖、半乳糖等單醣，當醣類分解成最簡單的單醣分子後，大部分在空腸末端及迴腸部分被吸收進入人體的血液循環。被吸收的單醣，經由肝門靜脈被運送至肝臟，在肝臟細胞內，果糖及半乳糖繼續被轉化成人體可利用的葡萄糖。在肝臟中，葡萄糖部分被轉變成肝醣的形式儲存，另一部分則經由血液運送至身體其它的組織細胞中代謝，作為能量的主要來源及合成細胞內其它小分子。

三、醣類的生理功能

(一)提供能量

在人體中，醣類最主要的功能就是提供身體所需要的能量，對人體而言，雖然醣類、脂肪及蛋白質都可以產生能量，但是在體內能量利用的優先順序上，醣類是先於脂肪與蛋白質用來產生能量，而人腦及中樞神經系統則是使用葡萄糖作為其唯一能量來源。每一克的葡萄糖，無論其最初的來源是澱粉亦或是其它醣類，在體內均能產生相同 4 大卡的熱量。

(二)脂肪的合成

醣類在體內的儲存量並不豐富，當體內攝取過多的醣類，肝醣的合成量已飽和後，醣類可以轉變成為脂肪酸，以脂肪的形式貯存於脂肪組織中，供較長期的能量需求。

㈢蛋白質節省功能

如前所述，人體能量需求以使用醣類及脂肪為優先，若供應不足，則由體內的蛋白質分解來產生能量，因此足夠的醣類攝取，可以使體內蛋白質免於分解產生能量，而可用於生長及修補身體組織。

㈣維持正常的脂肪代謝

在脂肪代謝產能的過程中，需要醣類的參與方能正常進行，如果醣類供應不足則脂肪代謝的速度將快過身體能將脂肪氧化的速度，如此則造成脂肪代謝的中間產物「酮體」的堆積，若血液中酮體的量過高，則會產生酸中毒及電解質不平衡等現象。

㈤構成身體組織的重要成分

醣類參與了人體內許多重要物質的合成，如：DNA、RNA、非必需胺基酸、糖苷類、肝素等。

四、醣類的攝取與健康之關係

行政院衛生署建議醣類的攝取量，以占每日總熱量之 58%至 68%（63%）為適當，然而近年來我國數次的營養調查顯示，醣類的攝取逐年減少，約僅占了總熱量需求的50%至55%之間。醣類攝取比率的降低顯示脂肪及蛋白質的攝取偏高，因此在飲食上有必要增加醣類的攝取。醣類的攝取主要有兩大來源：一為以澱粉等多醣類為主，主要食物來源為全穀類、根莖類及蔬果類等，這些食物含有豐富之多醣類及膳食纖維；另一類則是以精製糖類及含有精製糖類的加工食品，如：砂糖、果糖、玉米糖漿、糖果、含糖飲料及甜點等。以目前國內的營養狀況而言，澱粉、五穀根莖類等多醣的攝取量日益減少，而對精製糖類的攝取卻有增加的趨勢。由於精製糖及部分精製糖含量高的加工食品除了能提供熱量外，並無法提供身體其它的營養素，因此過量食用極易造成肥胖、齲齒及其它營養素之缺乏。因此行政院衛生署建議，對精製糖之攝取量不應超過總熱量之 10%。其它部分則以增加五穀根莖類及蔬果類來補足醣類一天之所需。

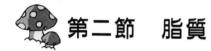

第二節　脂質

　　脂質（Lipids）是熱量密度最高的一種營養素，一公克的脂肪可產生九大卡的熱量。脂質存在於食用油脂，如：沙拉油、花生油、豬油以及奶類、肉類、蛋黃及核果中。水果中除了酪梨外油脂含量極少，五穀根莖類則幾乎不含任何脂肪，但其加工製品，如餅乾、蛋糕等小點心，在製作的過程中卻添加了不少油脂，含量也相當豐富（如表 2-2 所示）。

表 2-2　常見食物中脂肪含量百分比

脂肪百分比	食物名稱
90～100％	沙拉醬、植物油、豬油
80～90％	奶油、人造奶油
50～70％	開心果、核桃、花生、培根、巧克力
30～50％	五花肉、豬蹄磅、豬前腿肉、香腸、熱狗、鱈魚、秋刀魚
20～30％	羊肉、豬腳、雞翅
10～20％	里肌肉、牛排、薯條、雞蛋、洋火腿、冰淇淋、酪梨
1～10％	牛奶、一般魚類、豬肝、雞胸肉（去皮）
＜1％	五穀類、蔬菜、水果、蛋白

　　脂質在人體內扮演了許多重要的功能，對於兒童來說尤其重要，因為它可讓腦及神經組織能正常的發育。一般典型的西方飲食中油脂約占了總熱量的 40%以上，由於國人飲食習慣日益西化，對脂肪的攝取也日益提高，諸如肥胖、心血管疾病的罹患率也逐年增加，因此如何質與量兼顧的攝取脂肪，是目前一般大眾非常關切的問題。

一、脂質的功能

㈠高密度的能量來源

一公克的脂肪可產生九大卡之熱能，因此含脂肪量高的食物，只需少量的攝取即可滿足一天熱量的需求；但也因為如此，飲食中如果未留意高脂食物的攝取量，也容易導致熱量攝取過多而積存於體內。

㈡蛋白質節省作用

如同醣類一樣，體內的脂肪會充當能量的來源，使得身體內的蛋白質可用來建構或修補身體組織，以避免蛋白質的損耗。

㈢提供必需脂肪酸及協助脂溶性維生素之吸收

脂質中的亞麻油酸與次亞麻油酸，為身體內所必需卻又無法合成的脂肪酸，需仰賴由食物中獲得。此外僅溶於脂肪中之維生素，如：維生素 A、D、E、K 等，亦需藉由攝取含脂肪的食物來供應。

㈣構成脂肪組織（Adipose tissue）

身體內脂肪若不被用來產生能量，則構成了脂肪組織，貯存於體內，體內之脂肪組織主要分布於皮下及臟器周圍，其主要的功能包含了：1.貯存能量作為饑餓時能量之主要來源；2.

臟器周圍之脂肪可在身體遭到突然之撞擊或震動時，減輕外力
對臟器造成之傷害；3.分布在皮膚下層的脂肪組織有良好的隔
熱效果，可防止體溫快速的散失。

㈤合成身體重要的物質

脂質是構成細胞膜的重要成分，同時也是合成類固醇類激
素及其它的激素，以進行身體的調節作用。

㈥提供飽足感及食物之香味

食物中的脂肪，在胃中停留的時間較久，可提供飽足感。
由於多數的香料均為脂溶性，因此含脂肪的食物常可提供濃郁
的香味及滑潤之口感。

二、脂質的化學組成

飲食中之脂質主要是三酸甘油酯（Triglyceride），一般我們
稱之為脂肪（Fat），其基本之化學結構為一分子的甘油加上三
分子的脂肪酸，如圖2-2所示。脂質最基本的結構為脂肪酸（fat-
ty acid），脂肪酸是由碳、氫、氧三種元素所構成之長鏈化合
物，一般常見的脂肪酸為直鏈單羧酸（-COOH）。

$$
\begin{array}{l}
\underset{\;\;|}{\overset{H}{\underset{|}{\mathstrut}}}\\
H-\underset{|}{C}-OH\\
H-\underset{|}{C}-OH\\
H-\underset{|}{C}-OH\\
\;\;H
\end{array}
+
\begin{array}{l}
\;\;\;\;O\\
\;\;\;\;\|\\
HO-C-R_1\\
\;\;\;\;O\\
\;\;\;\;\|\\
HO-C-R_2\\
\;\;\;\;O\\
\;\;\;\;\|\\
HO-C-R_3
\end{array}
=
\begin{array}{l}
\;\;H\\
\;\;|\\
H-\underset{|}{C}-O-C\!\!\nearrow^{O}\!\!-R_1\\
H-\underset{\|}{C}-O-C\!\!\nearrow^{O}\!\!-R_2\\
H-\underset{|}{C}-O-C\!\!\nearrow^{O}\!\!-R_3\\
\;\;H
\end{array}
+
\begin{array}{l}
H_2O\\[4pt]
H_2O\\[4pt]
H_2O
\end{array}
$$

1 甘油　+　3 脂肪酸　=　三酸甘油酯　　+3H₂O

圖 2-2　三酸甘油酯的化學結構

㈠脂肪酸的分類

1.按碳鏈的長度

天然的脂肪酸具有偶數個碳，分類如下：

短鏈的脂肪酸：4 至 6 個碳。

中鏈的脂肪酸：8 至 12 個碳。

長鏈的脂肪酸：多於 12 個碳。

2.按飽和度（含雙鍵數目）

若脂肪酸碳與碳間的鍵結均為單鍵，則稱之為飽和脂肪酸（Saturated Fatty Acids, SFA），若碳與碳之鍵結中有雙鍵則稱之為不飽和脂肪酸（Unsaturated Fatty Acids），僅含有一個雙鍵者稱之為單元不飽和脂肪酸（Mono-Unsaturated Fatty Acid,

MUFA），含有兩個或二個以上雙鍵者稱爲多元不飽和脂肪酸
（Poly-Unsaturated Fatty Acid, PUFA）（如圖 2-3 所示）。

飽和脂肪酸（SFA）　　例：硬脂酸

```
      H H H H H H H H H H H H H H H H H O
      | | | | | | | | | | | | | | | | | ‖
  H－C－C－C－C－C－C－C－C－C－C－C－C－C－C－C－C－C－OH
      | | | | | | | | | | | | | | | | |
      H H H H H H H H H H H H H H H H H
```

不飽和脂肪酸：單元不飽和脂肪酸（MUFA）　　例：油酸

```
      H H H H H H H           H H H H H H H O
      | | | | | | |           | | | | | | | ‖
  H－C－C－C－C－C－C－C－C＝C－C－C－C－C－C－C－C－C－OH
      | | | | | | | | | | | | | | | | |
      H H H H H H H H H H H H H H H H H
```

多元不飽和脂肪酸（PUFA）　　例：亞麻油酸

```
      H H H H H           H       H H H H H H H O
      | | | | |           |       | | | | | | | ‖
  H－C－C－C－C－C－C＝C－C－C＝C－C－C－C－C－C－C－C－OH
      | | | | | | | | | | | | | | | | |
      H H H H H H H H H H H H H H H H H
```

圖 2-3　飽和與不飽和脂肪酸之結構

3.按生理的需要性而分

　　由於人體無法合成部分多元不飽和脂肪酸，須由食物中獲
得充足的量來維持生命所需，這些脂肪酸稱之爲必需脂肪酸
（Essential Fatty Acid, EFA），包含了亞麻油酸、次亞麻油酸及
花生四烯酸。

(二)脂肪酸的性質

　　碳鍵的長短與雙鍵的多寡，與脂肪酸的性質有極大的關聯。脂肪酸的碳鍵愈長，熔點愈高；而雙鍵的數目愈多，則熔點愈低。一般食物中之油脂均含有飽和與不飽和脂肪酸，由於動物性的油脂飽和脂肪酸的含量較高，因此在室溫下多為半固態或固態，如：豬、牛油及奶油等。由於飽和脂肪酸的攝取與心血管疾病發生之比率有極大的關聯，因此建議應減少攝取動物性脂肪。一般烹調用油如沙拉油、玉米油、花生油等多為植物性油脂，其不飽和脂肪酸之含量較多，故室溫下為液態。在食品工業上也有將植物油之雙鍵部分加以「氫化」，即增加植物油之飽和度，使之成為固態，以降低成本，增加其穩定性，如人造奶油及烘培業常用的烤酥油等。不飽和脂肪酸因其具有雙鍵，若長期暴露於空氣中，易受氧化而導致酸敗，故此類油品常添加維生素 E，或其它人工之抗氧化劑，以保持油脂品質。使用此類油脂時，也應當注意儘量避免高溫油炸及使用回鍋油，以免高溫分解之油脂產生毒性物質，傷害人體之健康。

(三)脂肪的分類

1.簡單脂質

　　主要為醇類及脂肪酸所構成的化合物，一般最常見之組成為一分子甘油與三分子脂肪酸合成為三酸甘油酯（Triglycerides）。

2.複合脂質

當簡單脂質與其它化合物結合即稱為複合脂質，常見的如：磷脂質及脂蛋白等。磷脂質在人體內的分布極廣，為腦及神經組織的重要物質，同時也是構成細胞膜的主要成分。另一種常見之複合脂質為脂蛋白，脂蛋白為人體中脂質運輸之形式。在脂蛋白中其脂質主要的成分為三酸甘油酯、膽固醇及磷脂質。依照脂蛋白所含脂質比例之不同，可將其分成以下四類：

(1)乳糜微粒（Chylomicron）：攜帶由食物消化而來的油脂，由腸壁細胞所產生。

(2)極低密度脂蛋白（VLDL）：主要攜帶由肝臟合成之油脂，經由血液運送至其它組織。

(3)低密度脂蛋白（LDL）：當 VLDL 內之三酸甘油酯移去後，留在血液中之脂蛋白經肝臟代謝後即為 LDL，其中膽固醇所占的比例最高。當人們在食用富含飽和脂肪酸或是膽固醇之食物後，血液中LDL的濃度增加，因此LDL之上升是導致罹患心血管疾病重要之危險因子。

(4)高密度脂蛋白（HDL）：高密度脂蛋白在所有脂蛋白中所占比例最低。其主要之功用為將身體周邊組織中的膽固醇攜帶至肝臟代謝，再以膽汁之形式排除，因此與 LDL 不同的是體內 HDL 濃度的升高被認為是預防心血管疾病的重要因子。

3.衍生脂質

其結構與一般脂質完全不同，包括了膽固醇類、類胡蘿蔔素及脂溶性的維生素 A、D、E 及 K 等。

　　膽固醇是目前極具爭議的衍生脂類，血液中膽固醇的濃度過高，則易沉積於血管壁上造成血管硬化及其它心血管疾病。然而膽固醇在人體同時也有其重要且無可替代的功能，它是構成細胞膜、腦部及神經組織的重要成分，同時也是體內合成維生素D及許多膽固醇類的先趨物質（precursor），同時膽固醇亦是構成膽汁的重要成分。膽固醇可由食物中獲得，但人體內膽固醇之主要來源仍是依靠體內自行合成。由於膽固醇對於身體十分重要，因此除了肥胖者、中老年人或是體內血脂質過高之個體應限制膽固醇的攝取外，一般人尤其是嬰幼兒為了維持腦部其神經系統的正常發育，適量的攝取含膽固醇的食物仍有其必要性。

三、脂肪之消化、吸收及利用

　　由食物中攝取的脂肪主要為三酸甘油酯及少部分之磷脂質及膽固醇，人體對於脂肪之消化主要發生於小腸部位。由胃酸均勻混合後的酸性食糜，經由胃幽門進入十二指腸，此時腸壁細胞受脂肪之刺激而分泌膽囊收縮素，經由血液運送刺激膽囊收縮，使得積蓄於膽囊中之膽汁即經由膽管而於十二指腸附近進入小腸。膽汁在脂肪的消化及吸收上扮演著極重要的角色，它的主要功用為：1.刺激腸道蠕動；2.中和酸性食糜；3.乳化脂肪，使脂肪之顆粒變小，表面積增大，增加與酶作用之機會。因此患有膽囊炎或是膽道結石之病人，由於膽汁之分泌受阻，攝食之脂肪無法分解吸收，因此常有脂肪消化不良及脂肪瀉之情形發生。腸道中脂肪之消化分解主要由胰臟所分泌之胰脂酶、腸脂酶所完成。脂肪在腸道中逐漸分解爲可爲人體吸收之最終產物，包括了甘油、脂肪酸、單、雙酸甘油酯、膽固醇及磷脂質等。這些脂肪的小分子在腸道中與膽汁複合而成可溶於水的微膠粒（micelles）。大部分脂肪的吸收是在空腸的部位進行，微膠粒可以直接由小腸絨毛之刷狀緣（brush border）進入黏膜細胞，此時，微膠粒之膽汁與小分子之脂肪分離，膽汁由迴腸部分回收重新利用。在腸黏膜細胞中，碳數小於或等於 12 之甘油或脂肪酸可直接進入門脈循環，附著於血液中的蛋白質上，直接運送到肝臟代謝；而碳數大於 12 之脂肪酸及單、雙酸甘油酯，則於小腸黏膜細胞內重新合成新的三酸甘油酯，此種新合成的脂肪與膽固醇，再被磷脂質及少部分的蛋白質包裹而形成親水性的小粒子，稱之爲乳糜微粒（chylomicron）。最後這些在小腸黏膜細胞產生之乳糜微粒，經由小腸絨毛內之乳糜管進入淋巴循環，再進入血液循環，最後進入肝臟或是脂肪組織中進行代謝及貯存。在正常情況下，人體攝取之脂肪約有 95%被吸收，而食物中所含有之膽固醇則約有 10%至 50%可爲人體所吸收。

　　人體由腸道所吸收的脂質，主要運送至肝臟代謝，由食物而來的三酸甘油酯在肝臟中，可視身體之需要重新合成新的脂肪酸、三酸甘油酯、磷脂質與膽固醇等物質，然後再與蛋白質結合而成脂蛋白，藉由血液運送至身體各個組織。若飲食中脂肪的攝取量超過了身體所需，則多餘的脂肪就會以三酸甘油酯的形式貯存於脂肪組織中。反之，若飲食中能量的攝取不足以供應身體所需，則此時脂肪酸即由脂肪組織中釋放出來提供能量。值得注意的是在脂肪酸氧化產能的過程中，需依靠少量醣類的存在，此反應才能正常進行。因此若飲食中缺乏醣類、長期禁食或是糖尿病的患者，由於缺乏可利用之醣類，脂肪酸無法正常的代謝，因而促使脂肪酸轉變爲乙醯乙酸（Acetoacetyl Acid）、β-羥丁酸（β-hydroxybutyric Acid）及丙酮（Acetone）等酮體，而造成酮酸中毒的症狀。

四、脂質之攝取與健康之關係

一般而言，西方人的飲食中脂肪約占總熱量的40%至50%，而東方人則約 20%至 30%。然而近年來國人的飲食逐漸西化，脂肪的攝取量逐日遽增，而漸之與歐美飲食無異。依據國內最新一次的營養調查，統計國人的脂肪攝取量約占總熱量之35%，比行政院衛生署建議值（25%至30%）要高出許多；而膽固醇之攝取，平均每日爲 375 毫克，亦較建議值 300 毫克以下爲高。因此降低脂質之攝取，特別是動物性油脂，以有效的減少當前國人肥胖、心血管疾病、糖尿病等慢性疾病之罹患率，已成爲當前改善國民飲食之重要工作。

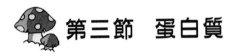 第三節　蛋白質

一、蛋白質之功能

由食物中攝取蛋白質在成本上比攝取醣類與脂肪要高出許多。蛋白質在體內也如醣類與脂肪一樣扮演著不可或缺的重要角色，因此長期蛋白質攝取不足或是攝取的蛋白質品質不佳，都容易造成營養不良、消瘦等症狀。對於正處於發育及成長期之嬰幼兒及青少年而言，充足的供給蛋白質來源豐富的食物更是重要。蛋白質在人體主要的功能如下。

(一)構造功能

蛋白質是生物體內不可或缺的物質，就單一細胞而言，蛋白質為構成細胞膜的重要成分，也是細胞內的許多胞器，如粒線體、核糖體、高基氏體之重要成分。就整個人體組織而言，人體之內臟、肌肉組織、骨骼、牙齒、皮膚及毛髮等主要也都由蛋白質所構成，因此蛋白質主要的功能即是提供作為建構及修補身體組織之來源。

(二)調節功能

人體中擔負調節體內新陳代謝及維持正常生命機能之重要物質，大都是由蛋白質或是胺基酸所構成，如促進體內消化、吸收、合成及分解過程的酶，及控制代謝過程之啟動與終止的各種激素。在血液及體液中之蛋白質，除了本身之功能外，也兼具著調節體內滲透壓與維持電解質平衡的功能。

(三)運輸功能

不溶於水的脂質可以藉由與蛋白質結合形成脂蛋白，而可經由血液將脂質運送至身體各組織。

(四)保護功能

人體中由蛋白質構成的抗體及免疫球蛋白是人對抗疾病侵襲的主要武器。因此，若體內蛋白質缺乏常會造成免疫功能減退，身體抗病能力降低。

(五)提供能量

當蛋白質中之含氮部分移除後，所留下之碳鏈與醣類及脂肪一樣可作為身體內熱量的來源，一克之蛋白質可產生四仟大卡的熱量。提供能量並非蛋白質的主要功能，通常只有當下列情況發生時，蛋白質才被人體用來產生能量：1.醣類與脂肪之攝取，不足以供應體內熱能需求；2.蛋白質之攝取量過多；3.沒有足夠之必需胺基酸來合成蛋白質。

二、蛋白質之化學組成

　　蛋白質與醣類及脂肪最大不同處在於，除了都是由碳、氫及氧所構成的化合物外，蛋白質在結構上要比醣類及脂肪多了氮元素。由於氮為蛋白質所特有，在食物中約占蛋白質重量的16%，因此在食物分析上，我們也可以由分析食物中氮的含量來粗略估計蛋白質的含量，稱為粗蛋白質量。胺基酸（Amino Acid）是構成蛋白質的基本結構，人體內有 22 種不同的胺基酸，藉由排列順序與數目的不同，這 22 種胺基酸構成了人體內上百萬種不同的蛋白質，正如同 26 個英文字母可構成無數個英文單字的原理一樣。顧名思義，胺基酸即是由一個氨基（-NH2）與酸（-COOH）所構成，其結構式如圖 2-4。胺基酸可兩兩相鏈結而連成一條長鏈。兩個胺基酸相結合形成雙胜（Dipeptide），如圖 2-5 所示；數個胺基酸鏈結在一起則稱之為多胜（Polypeptides）。而食物及人體內之蛋白質即是由數百個胺基酸所構成。構成人體蛋白質的胺基酸中有 9 種，嬰兒有 10 種（加上精氨酸），為人體本身無法合成，必須由攝取的食物中獲得，這些胺基酸稱之為必需胺基酸（Essential Amino Acid），其餘的胺基酸在人體內可自行合成足夠的量，因此稱之為非必需胺基酸（Non-Essential Amino Acid）（如表 2-3 所示）。

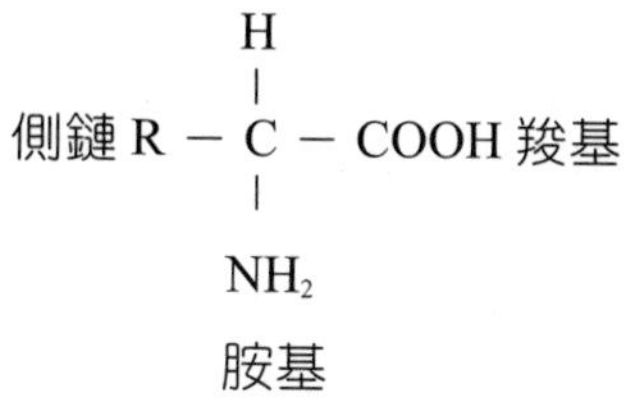

$$側鏈 R - \overset{\displaystyle H}{\underset{\displaystyle NH_2}{C}} - COOH\ 羧基$$

胺基

圖 2-4：胺基酸的基本結構

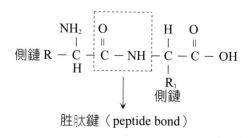

胜肽鍵（peptide bond）

圖 2-5　兩個胺基酸以胜鍵結合成雙胜

表 2-3　人體之胺基酸

必需胺基酸：身體不能自製者		
色胺酸（Trp）	纈胺酸（Val）	異白胺酸（Ile）
羥丁胺酸（Thr）	離胺酸（Lys）	苯丙胺酸（Phe）
白胺酸（Leu）	甲硫胺酸（Met）	組胺酸（His）
非必需胺基酸：身體能夠自行製造足夠量		
甘胺酸（Gly）	麩胺酸（Glu）	羥脯胺酸（Hyp）
丙胺酸（Ala）	絲胺酸（Ser）	醯胺麩胺酸（Gln）
胱胺酸（Cyn）	脯胺酸（Pro）	天門冬胺酸（Asp）
瓜胺酸（Cit）	酪胺酸（Tyr）	半胱胺酸（Cys）
半必需胺基酸：		
精胺酸（Arg）：成長中的嬰兒		

三、蛋白質之消化、吸收與利用

　　蛋白質是由胺基酸所構成，蛋白質的消化作用是人體將食物中的蛋白質水解成為較小的胜肽鏈及胺基酸，食物中的蛋白質也唯有被分解成個別的胺基酸後，才能被身體所吸收。在極少的情況下，未分解完全的蛋白質分子在腸道中，會被小腸細胞以胞飲作用的方式攝入體內，這也常是食物過敏發生的主要原因。蛋白質的消化過程起始於胃，人體進食後，促使胃酸開始分泌，而胃酸則將胃蛋白酶原（pepsinogen）活化成胃蛋白酶，開始將蛋白質消化分解。由於食物在胃中停留的時間有限，因此大部分的蛋白質僅初步分解為仍含有多個胺基酸的多胜肽（Polypeptides），直至進入小腸後，由胰液、小腸液所分泌之胜肽酶將多胜肽逐步水解成胺基酸。

　　飲食中的蛋白質約有 90% 至 95% 轉變為胺基酸後被人體所吸收，絕大部分的吸收過程在小腸中段完成，胺基酸的吸收過程是需要消耗能量的，而且需要載體（carrier）的協助，才可將胺基酸由腸道攜帶至小腸細胞內。此一形成的吸收過程，一般稱之為「主動運輸」。

　　被人體所吸收的胺基酸經由肝門靜脈，被送至肝臟，此時部分的胺基酸由肝臟直接進入體循環，送至其它的組織及細胞中供其利用，而部分的胺基酸則留在肝臟，合成肝細胞所需之蛋白質及非必需胺基酸（NEAA），或是血液中之蛋白質，如血白蛋白、球蛋白、血纖維蛋白等。肝臟可以說是調節血液中蛋白質與胺基酸濃度的樞紐，當人體攝取過多的蛋白質，則多餘的胺基酸及組織細胞中代謝所產生的胺基酸會經由血液被送回肝臟進行脫氨作用。在肝臟中多餘的胺基酸被分解，含氮部分轉變為尿素而後經由腎臟以尿液的形式排除；而胺基酸分解後，剩餘的碳骨架部分轉變為肝醣或是轉變為脂肪儲存，部分則可作為人體能量來源，如圖 2-6 所示。

　　人體幾乎每一個細胞都有合成細胞本身所需蛋白質的能力，我們可以想像細胞中存在一個胺基酸池（Amino acid pool），胺基酸池內含有各種不同的胺基酸，其由食物中之蛋白質經消化、吸收而得及細胞本身之蛋白質代謝分解而得。蛋白質之合成主要由細胞內的去氧核糖核酸（DNA）決定。DNA 決定了所要的蛋白質之胺基酸的排列順序，然後由核醣核酸（RNA）傳遞此訊息至胺基酸池中選取所需之胺基酸，一步一步的進行蛋白質之合成。由於在蛋白質的合成過程中，胺基酸的排列順序已由 DNA 預先決定，因此必須在所有胺基酸都存在的狀況下蛋白質的合成方可順利進行，缺乏任何一種胺基酸都會使得合成的過程中止。一般而言，由於人體無法合成必需胺基酸，因此完全

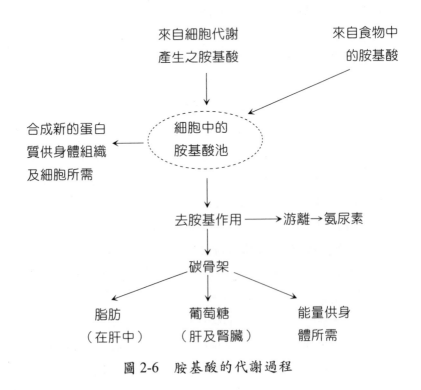

圖 2-6 胺基酸的代謝過程

得依靠飲食中獲得，而非必需胺基酸則可由胺基酸經過轉氨基作用（transamination）來合成新的胺基酸，此過程需要維生素B6（pyridoxine）作為輔酶，才可順利完成。

四、蛋白質的品質

飲食中所攝取的蛋白質，主要的功能即在提供人體所需要的胺基酸。因此蛋白質品質的好壞，取決於飲食中蛋白質所含胺基酸種類的多寡、含量，以及消化吸收的效率。高品質的蛋白質必須是人體容易吸收消化，含有豐富且種類齊全的必需胺基酸，足以供給人體生長，修補組織與維持生命的需要。因此根據食物中必需胺基酸的種類與含量，可將蛋白質分成完全蛋白質和不完全蛋白質，茲說明如下。

(一)完全蛋白質

又稱為高生物價蛋白質，人體容易吸收消化，其所含之必需胺基酸種類齊全、充足，且比例適當，可以滿足人體生長及維持生命之需要，大部分的動物性蛋白質皆屬完全蛋白質，其中又以奶及蛋類的品質最優。但是亦有例外，部分動物性蛋白質中膠原蛋白比例過高者，如蹄筋、魚翅等屬不完全蛋白質。

(二)不完全蛋白質

又稱低生物價蛋白質，缺乏一種或是多種的必需胺基酸，單獨攝取時，人體無法用來合成體內蛋白質，以應付生長與維持生命所需，植物性的蛋白質多屬此類。

　　雖說植物性來源的蛋白質大多為不完全蛋白質，但並不意味著素食的人身體都會缺乏蛋白質，事實上利用蛋白質互補的原則，進食時適當的搭配不同的植物來源蛋白質，則可截長補短，提高蛋白質之營養價值。例如：玉米所含的蛋白質缺乏離氨酸，若與甲硫胺酸含量較少的黃豆共同食用，則雖然兩者皆為不完全蛋白質，但是玉米中的甲硫氨酸含量豐富，加之黃豆中亦不缺乏離氨酸，彼此互補，在體內也就能提高其蛋白質的利用效率。此外，植物性蛋白質若搭配奶、蛋類之高生物價蛋白質共同食用，同樣亦可提高此類蛋白質之生物利用率，因此素食者在攝取蛋白質時，宜多利用蛋白質之互補原則選擇食物，來提高植物性蛋白質之利用效率；可能的話，最好再搭配奶、蛋類等動物性蛋白質，以確保體內蛋白質不虞匱乏。

五、蛋白質的需要量

　　當熱量供應充足，人體對於蛋白質的需要量，基本上取決於身材大小與人體生長之速度。在生長發育期的嬰幼兒、青少年以及正處於恢復期的病人，都需要較一般人為高的蛋白質來應付生長與修補身體組織的需要。蛋白質的需要量同時也需視所攝取蛋白質之品質是否含有適當比例之必需胺基酸來決定。

　　目前國人對於蛋白質之攝取，根據行政院衛生署在 1993 至 1996 年所做的國民營養調查顯示，成年男性每天約攝取 82.6 克（占總熱量之 15.5%），女性則約 61.6 克（15.4%）。飲食上蛋白質之主要來源以主食類、肉類、魚及海鮮類、豆類爲主。以目前而言，國內不論動物與植物性之蛋白質供給量均非常充足，國人之平均購買力亦持續增加，因此對蛋白質之攝取，可說是不虞匱乏。由於過高蛋白質之攝取，會增加腎臟排除含氮廢物之負擔，對於有腎臟疾病之成年人或是腎功能未發育完全之嬰兒，蛋白質之攝取應做適當之調整。依據每日營養素建議攝取量（DRIs）之建議，成年人男性每日蛋白質之攝取量爲60克，女性則爲50克；若以熱量爲標準，則每日蛋白質之攝取量，以占每日總熱量攝取之10%至14%爲宜。

第**3**章

維生素與礦物質

 第一節　維生素

　　維生素（Vitamins）的主要功能在於作爲輔酶，以調節人體生長、能量代謝並維持正常生理功能。維生素與礦物質同稱爲微量營養素（micro nutrients），人體對維生素的需要量極低，由數微克（維生素 B_{12}）至數十毫克（維生素 C）不等。雖然維生素的需要量極低，但卻參與了人體內上百萬種化學反應的進行。維生素本身並無法產生熱量，亦非構成身體組織之物質，但是人體若無足夠維生素的攝取，縱使攝取了足夠的醣類、脂肪與蛋白質，這些營養素在體內仍然無法轉變成爲熱量，或是用來

建構或修補身體組織。反之亦然，若體內醣類、脂肪與蛋白質的供應不足，維生素則無法發揮其應有之功能。

除了少數例外（維生素 D 與菸鹼酸），絕大部分的維生素在人體內無法合成，而需要由食物中供給。食物中的維生素，我們可以簡單的將其分為：脂溶性與水溶性維生素兩大類。脂溶性維生素包括了維生素 A、D、E 與 K，水溶性維生素則包括了維生素 C 與維生素 B 群。

一、脂溶性維生素

(一)維生素 A

在人體內具有活性的維生素 A 稱為視網醇（retinol），僅存在於動物性食物中，而存在於植物中的類胡蘿蔔素（carotenoids）則是維生素 A 的先質（precursor）。胡蘿蔔素為一群黃綠色的植物色素，其中以β-胡蘿蔔素（β-carotene）最為重要，因為其在體內轉變為維生素 A 的比率最高，在人體內，一分子的β-胡蘿蔔素可以分解為兩分子的維生素 A。然而由於植物性來源的β-胡蘿蔔素與動物性來源之維生素 A 相較，生理轉換效率較低，因此β-胡蘿蔔素在人體內之生理活性，僅約為同重量視網醇的六分之一。

1. 生理功能

在人體中，維生素 A 與視紫蛋白（opsin）結合而形成視紫，維持人體正常的視覺功能。維生素 A 同時與上皮組織細胞中醣蛋白的合成有關，充足的維生素A可以維持人體黏膜細胞、皮膚等上皮組織正常之構造與機能。維生素 A 也與維持骨骼與牙齒的正常發育有關。最近的一些研究亦發現，增加維生素 A 的攝取，特別是其先質β-胡蘿蔔素，可能可以減少乳癌與大腸癌發生的機率。維生素 A 的缺乏，在開發中國家的青少年是極為普遍的問題，主要原因是長期的營養不良所引起，在台灣近二十年來，已較少見有維生素 A 缺乏的情形發生。通常缺乏維生素 A 的症狀包括了：夜盲（Night blindness）、乾眼症，嚴重者可導致失明；由於缺乏維生素 A，上皮組織細胞發育不完整，皮膚容易乾燥、角質化，影響所及，患者之呼吸道及尿道對病菌之抵抗力減退，很容易受到感染。

2.飲食來源

在人體中，90%的維生素A貯存於肝臟中，因此在食物中，動物肝臟的維生素 A 含量也非常的豐富，如：豬、牛、羊及魚肝等，此外蛋黃、乳製品（如起司）、冰淇淋等都含有豐富之維生素 A。植物性食物維生素 A 的來源以維生素 A 的先質類胡蘿蔔素為主，多存在於黃綠色之蔬菜與水果中，如：胡蘿蔔、菠菜、甘藷、蕃茄、甘藍菜、芒果及哈密瓜等。

(二)維生素 D

維生素 D 泛指體內以膽鈣化固醇（Cholecalciferol）為主要結構之一群化學物質，主要有由動物體內之膽固醇衍生物在皮下組織經日光照射後所產生的維生素 D_3，以及植物的麥角固醇經日光照射而得的維生素 D_2。維生素 D 在計量上有國際單位（International Unit, IU）與微克（μg）兩種形式。1 IU 相當於0.025 微克之純化維生素 D。目前以微克為維生素 D 之表示方法已逐漸為大眾所採用。

1. 生理功能

維生素 D 主要的功能為促進體內鈣與磷的吸收，幫助骨骼和牙齒的正常發育，此外維生素 D 亦為維持正常之神經與肌肉生理所必需。一般而言，食物中的鈣質在腸道中僅有約 10%可被身體吸收，但在維生素 D 的幫助下，鈣質的吸收率可提高至30～35%。在人體血液循環中維生素 D 可與副甲狀腺共同合作調節血液中鈣與磷的濃度。缺乏維生素 D 時，在兒童稱之為佝僂症（Ricket），此症的發生是由於維生素 D 的缺乏，以至於血液中的鈣、磷濃度無法維持，導致骨骼鈣化不良；而成人則易導致骨質疏鬆症（Osteomalacia），患者骨質密度下降，易發生骨折。近年來流行病學上的研究也顯示：一般更年期後的婦女，血液中維生素 D 的濃度較其它年齡層為低，適度的補足維生素D 可預防骨質疏鬆症（Osteoporosis）之發生。

2. 食物來源

維生素 D 的主要來源，為人體皮膚經紫外線之照射而自行合成，但是自行合成的量仍受到日照長短、皮膚暴露面積、紫外線強度、空氣污染強度與年齡等因素所影響。由於長期暴露於紫外線下容易產生皮膚病變，進而導致皮膚癌的危險，因此並不建議大眾為了增加體內的維生素 D，而長期曝曬。食物中之維生素 D 之主要來源為蛋黃、肝臟、沙丁魚、鮪魚、奶油、魚肝油及經維生素 D 強化的乳類及穀類食品。

㈢維生素 E

維生素 E 又稱為生育醇（tocopherols），人體內有數種生育醇的衍生物，其中以α-生育醇之活性最高。因此維生素 E 在計量上以毫克α-生育醇當量（mgα-tocopheral equivalents，簡寫為mgα-T.E.）表示。維生素 E 被稱為生育醇，主要是因早期研究發現，維生素 E 與老鼠的不孕症及其胚胎之發育不良有關，但後續的研究發現，當人類缺乏維生素 E 並無上述症狀發生。

1. 生理功能

維生素 E 在生理上的主要功能為體內之抗氧化劑，可保護在細胞膜上的不飽和脂肪酸及磷脂質不受自由基及其它氧化物之攻擊，維持細胞之正常結構，防止細胞老化。由於維生素 E 之抗氧化能力，一些研究同時也顯示增加維生素 E 的攝取，可減少肺癌、乳癌、大腸癌發生的機率，預防心血管疾病、帕金森氏症、白內障等；但是這方面之功能至今仍存疑，有待更多、更嚴謹之實驗設計證實。一般而言，飲食中維生素 E 之來源充足，在人類甚少有缺乏症的發生。目前已知維生素 E 的缺乏與早產兒之溶血性貧血、血小板增加及視網膜病變有關。

2.食物來源

食物中維生素 E 的主要來源爲植物油，如葵花油、小麥胚芽油，其它還包括了深綠色蔬菜、甘藷、乾果及豆類，維生素 E 的含量皆很豐富。

㈣維生素 K

維生素 K 包含了 K_1、K_2、K_3 三種形式，一般植物中所存在的爲維生素 K_1；維生素 K_2，則是由細菌所合成；維生素 K_3 則不存在於自然界，爲人工所合成；但是生理活性則以維生素 K_3 最高。

維生素 K 最主要的功能，爲肝臟在合成凝血酶元（prothrombin）及凝血因子時的必需物質，因此當維生素 K 缺乏時，會導致血液凝結的時間延長。由於維生素 K 普遍存在於各種食物中，尤其以深綠及深黃色的蔬菜含量特別豐富，加上人體腸道中的細菌也可合成維生素 K，可提供人體部分維生素 K 的需要，因此成人少有維生素 K 缺乏之症狀。剛出生之嬰兒由於母乳所供應之維生素 K 不足，加之腸道尚無可合成維生素 K 之菌種存在，因此通常在出生一星期內一般都會注射維生素 K 補充。若是純粹哺餵母乳的嬰兒更需延長補充維生素 K 至半年。成年人若長期服用抗生素或是脂肪吸收不良，也容易會有維生素 K 缺乏的危險。

二、水溶性維生素

㈠維生素 C

維生素 C 早期被用來治療壞血病,因此又稱爲抗壞血酸（Ascorbic acid）,維生素 C 是一種極容易在貯存或是烹飪過程中被破壞的營養素,除了在酸性環境中較穩定外,接觸空氣、鹼（如小蘇打、發粉）及加熱都極易喪失其生理功能,加上其水溶性的特徵,也使維生素 C 極容易在水洗的過程中流失。

1. 生理功能

維生素 C 的生理功能爲合成人體膠原蛋白（collagen）的必要物質。而膠原蛋白則是體內細胞間的主要構成物質,充足的維生素 C 可以促進骨骼、牙齒及微血管中膠原蛋白之合成,並可加速傷口之癒合。維生素 C 對人體另一個重大功能即是,維生素 C 本身爲一極強的抗氧化劑,可增強人體的免疫功能,因此近年來許多研究顯示,充足的維生素 C 的攝取,可能可以降低或是預防感冒及部分癌症發生的機率。維生素 C 若與植物性食物共同食用,可以增加食物中非動物性鐵質的吸收率。大部分的動物本身都具有合成維生素 C 的能力,人類及猿猴則必須依靠食物中的供給。缺乏維生素 C 引發壞血症的情形在目前已不常見。缺乏維生素 C 在臨床上會出現皮膚毛囊角化、牙齦腫脹及出血、貧血、傷口難癒合、白血球濃度降低等壞血病症狀;

兒童缺乏維生素 C 則易造成生長遲滯，骨骼、牙齒及血管的發育不正常。

2. 食物來源

飲食中維生素 C 的主要來源為蔬菜及水果，如花椰菜、大白菜、豆苗、番石榴、柑橘、草莓等。如前所述，維生素 C 是對光、熱及鹼非常敏感的物質，因此在烹調蔬菜時，需注意下列幾點，以避免喪失過多的維生素 C：

(1)蔬菜洗後再切，避免維生素 C 流失。

(2)避免放置過久及長時間烹調。

(3)以生食、微波加熱，或是快炒的方式較佳，以避免維生素 C 被熱破壞。

(4)烹調時使用少量水分，烹調後之剩餘湯汁內溶有豐富的維生素 C，最好一併食用不要丟棄。

(二)維生素 B 群

由於維生素 B 群在肝臟及酵母中含量非常豐富，早期維生素 B 群都歸類在一起稱為維生素 B，用來治療腳氣病（beri-beri），後來才慢慢的發現維生素 B 不只一種，還包括其它數種維生素，因此統稱為維生素 B 群。維生素 B 群含有下列共通的特性：

1. 均為水溶性，容易在腸道被人體吸收，也很容易由尿液排出體外，因此即使攝取過量也不易產生毒性。

2. 在體內主要扮演輔酶（coenzyme）的角色，協助各種生化作用的進行。

　　3.肝臟及酵母中含量豐富，除了維生素B12不存在於植物性食物中，其它的維生素 B 群廣泛存在於各類食物中。

　　4.當身體內缺乏任何一種維生素 B 時，其它的維生素 B 常常也同時缺乏。

　　維生素 B 群的主要功能有二：一為與身體內能量的代謝有關，參與的有維生素 B1、B2、B6、泛酸、菸鹼酸；另一則是與血液中紅血球的生成有關，如維生素 B6、B12、葉酸、生物素等。

1. 維生素 B1

　　維生素 B1 是維生素 B 群中第一個被純化出來的，又稱為噻胺（thiamin）或是硫胺。其主要功能為做為輔酶，協助脂肪及醣類的代謝，因此維生素 B1 的需要量也與熱量攝取的多寡有關。

　　由於維生素 B1 在能量代謝中扮演著重要角色，因此當維生素 B1 缺乏時，醣類代謝會受到阻礙，人體的神經及肌肉系統、心臟也會受到影響。維生素 B1 的缺乏在神經系統方面會患有末稍多發性神經炎，神經反射不正常，腳部常感麻木。在心臟方面由於患者心肌失去彈性，心臟收縮減弱常造成血液循環減緩，而造成水腫情形。

　　全穀類、核果、內臟、肉類、胚芽等都含有豐富的維生素 B1，但是在米麥的精製過程中，維生素 B1 的流失程度很大。因此部分廠商也會在白米上添加維生素 B1，來強化穀類在精製過程中所損失的維生素 B_1。

2.維生素 B_2

維生素 B_2 又稱核黃素（riboflavin），對光非常敏感，極易被光線，特別是紫外線所破壞。

核黃素同樣為能量代謝過程中的重要輔酶，特別是與人體內細胞呼吸及氧化還原的反應有關。通常缺乏維生素 B_2 並不會引起嚴重的疾病，症狀也較溫和，如疲倦、口角炎、舌炎、脂溢性皮膚炎、眼睛畏光、充血等。

維生素 B_2 廣泛的存在於各種食物中，奶類及乳製品是最豐富的來源，其次則是內臟、肉類及酵母。

3.泛酸（pantotenic acid）

泛酸舊稱為維生素 B_3，由於其廣泛的存在於各種自然食物中而得名。

泛酸其重要的生理功能為合成輔酶 A（Coenzyme A）的重要原料，而輔酶 A 則繼續參與了醣類、脂肪及蛋白質的代謝和體內能量的釋放。

泛酸廣泛存在於各種動植物食品中，如肝、腎、胚芽、豆類、酵母及各種蔬菜，因此人體較不易缺乏。

4.菸鹼酸（Niacin）

包含了兩個相似的化合物，即菸鹼酸（niacin）與菸鹼醯胺（niacinamide）。在體內，菸鹼酸可由必需胺基酸的色胺酸

（tryptophan）合成。因此若飲食中蛋白質的攝取適當，則菸鹼酸也不虞匱乏。其生理功能為：

(1)為醣類、脂肪與蛋白質在能量代謝過程中，作為輔酶，參與體內的釋能反應。

(2)參與蛋白質、核酸、脂肪酸的合成。

菸鹼酸的缺乏症稱為癩皮病。在中美洲一些以玉米為主食的國家中，由於玉米內缺乏色胺酸，若食物中缺乏菸鹼酸，加之體內無足夠之色胺酸可轉變為菸鹼酸，則極易導致癩皮病的產生。癩皮病患者早期出現之症狀為虛弱、疲倦、食慾減退、消化不良；若不及時補充菸鹼酸，則患者進一步會發生皮膚炎、嚴重腹瀉等症狀，進而影響神經系統而導致癡呆（dementia）。

菸鹼酸除了可由體內的色胺酸轉變而成外，含豐富菸鹼酸的食物包括了酵母、豆類、核果、動物內臟、魚及瘦肉等。

5. 維生素 B₆（pyridoxine）

維生素 B₆ 在體內主要以吡哆酸的形式存在。維生素 B₆ 的生理功能為：

(1)參與蛋白質與胺基酸的合成與分解。

(2)合成體內之抗體與紅血球。

(3)協助體內之色胺酸轉變為菸鹼酸。

(4)構成神經組織及傳導物質。

由於腸道的細菌也可以合成維生素 B₆，且廣泛存在於食物中，因此 B₆ 的缺乏在人類是少見的。長期使用抗生素的病患及服用口服避孕藥的婦女，較容易有維生素 B₆ 缺乏的情形。一般常見之缺乏症狀包括貧血、皮膚炎、神經緊張、焦慮等。嬰幼兒缺乏維生素 B_6，則會有抽筋及生長遲滯等現象出現。

　　食物中的酵母、全穀類食物、黃豆、花生、肉類及動物內臟等，都是維生素 B_6 的豐富來源。

6. 維生素 B_{12}

　　維生素 B_{12} 又稱為鈷胺（cobalamin），為維生素中分子結構最複雜者，其特徵為在其結構中含有鈷原子及類似血紅素的環狀結構。同樣的，維生素 B_{12} 在身體內的吸收過程也較其它的維生素複雜。飲食中的維生素 B_{12} 在進入人體消化道後，需先和由胃液所分泌的內在因子（intrinsic factor）結合，然後在迴腸的黏膜細胞上在鈣質的參與下被吸收進入細胞內。

　　維生素 B_{12} 可作用於體內所有細胞，維持細胞正常的新陳代謝，特別是神經系統中神經細胞髓鞘及骨髓中胚紅血球（erythroblast）之正常發育。因此當缺乏維生素 B_{12} 時，常會導致惡性貧血及脊髓神經病變。通常由於飲食不當而導致維生素 B_{12} 缺乏的情形並不多見，維生素 B_{12} 缺乏常導因於吸收障礙，如缺乏內在因子或消化道手術之病患。

　　飲食中動物性食物是維生素 B_{12} 的唯一來源，如肝、腎、肉類及奶類中，維生素 B_{12} 的含量皆很豐富。人體的腸道細菌亦有合成維生素 B_{12} 的能力，但因大部分在大腸部位合成，可為人體吸收的比率並不多。純素食者由於無法由食物中獲得足夠之維生素 B_{12}，常有血清中維生素 B_{12} 濃度過低之情形，建議需以口服維生素 B_{12} 補充劑以預防缺乏症的發生，特別是懷孕期食用全素之孕婦更需補充，以避免嬰兒有維生素 B₁₂ 缺乏之危險。

7.生物素（Biotin）

生物素的發現是因為以含有生雞蛋的飼料餵養老鼠，會導致老鼠產生脫毛、體重減輕、發育遲緩，甚至死亡的現象。後來發現生蛋白中含有一種抗生物素蛋白（avidin）的物質，會與生物素結合導致無法吸收而有缺乏的症狀產生。若將雞蛋煮熟則抗生物素蛋白會因遇熱變性而失去活性，便不會阻礙生物素的吸收。

生物素在體內主要的功能也是充當輔酶的角色，在體內參與了蛋白質、脂肪酸及尿素的合成，以及葉酸、泛酸、維生素 B₁₂ 的代謝。

在人類很少有生物素缺乏的報導；而在實驗室中，以給予抗生物素蛋白來誘發的生物素缺乏的現象，則可觀察到有厭食、肌肉痠痛、容易疲倦等現象。

生物素普遍存在於各種食物中，如蛋黃、動物內臟、豆類、香蕉、草莓等；此外生物素也可由腸道的細菌合成。

8.葉酸（Folic acid）

葉酸亦屬於水溶性的維生素 B 群之一，為人類在尋求治療巨球型貧血（macrocytic anemia）的過程中所發現之必需營養素。

葉酸在人體內主要功能為參與 DNA、RNA 及部分胺基酸如甘胺酸、酪胺酸的合成過程中作為輔酶。因此葉酸與細胞分裂及血球的形成有密切關係。葉酸缺乏時，骨髓合成紅血球的能力降低，未成熟的紅血球大量增加，而導致巨球型貧血。由於葉酸與維生素B_{12}之缺乏症狀類似，故一般在治療時，必須兩者同時補充，以避免降低療效。

葉酸的主要來源爲綠色植物，深綠色蔬菜、豆類、全穀類及酵母和牛奶中之含量都很豐富。

 # 第二節　水分與礦物質

一、水分

水分爲人體內含量最豐富的物質，成年人體內約含 65%至70%的水分，剛出生之嬰兒其體內水分含量最高，約占體重之80%，隨著年齡漸長而逐漸降低。由於脂肪組織的含水量遠較肌肉組織之含水量爲低，因此青春期過後的女性，由於脂肪組織增厚，其體內之水分含量與肌肉組織較發達之男性相較，會較爲減少。

藉由細胞膜之分隔，人體內水分之分布主要分成：細胞內液（Intracellular Fluid, ICF），約占總水量之 60%，及細胞外液（Extracellular Fluid, ECF），約占總水量之 40%，其中細胞外液又可細分爲組織間液（Interstitial）及血漿（Intervascular Fluid）

等。

　　一般人可以忍受長時間的禁食而依舊存活，但是只要數天沒有水分的供應，則體內由於排泄以及皮膚、肺部散失的水分無法及時獲得補充，則極易發生因失水而導致死亡的危險。

　　水分的生理功能為：

　　1.作為溶劑，以便於體內營養素的消化及代謝，使體內的化學反應可正常的進行，維持體內所有器官及組織正常功能。

　　2.維持所有體液的恆定，消化液、體液、血液、淋巴液、尿液中，水分均是其中最主要的成分。

　　3.作為介質，可攜帶營養素進入細胞及將廢物排除。

　　4.水分在體內也具有潤滑的功能，以避免組織間摩擦，如關節的滑液囊，藉由水分的存在使得關節可正常的運作，避免不必要的機械性損傷。

　　5.調節體溫。

　　為了維持人體內水分的平衡，水的需要量約等於每天人體由尿液、皮膚、肺、糞便所排出的水量相當。通常口渴常可作為我們對水分需求的指標。成年人每天約需攝取 2,000 毫升的水，即為每攝取一大卡的熱量約需要一毫升的水。對嬰兒而言，則每一大卡的熱量約需搭配 1.5 毫升的水。水分普遍存在於各種食物中，而其含量則與食物種類與供應方式的不同，而有很大的差異，表 3-1 為常見食物之水分含量。

表 3-1　常見食物的水分含量

食物名稱	水分含量（％）
蔬菜、水果	25 至 99
牛奶	88
雞蛋	65
米飯	60
烹調後的肉類	50 至 70
麵包	35
核果	5
餅乾	4 至 8
砂糖、油脂	0 至 1

二、礦物質

㈠維持電解質平衡的重要物質——
　　鈉、鉀、氯、磷、鈣、鎂

　　與體內電解質平衡有關的礦物質：鈉、鉀、氯、磷、鈣、鎂，亦為在人體內含量較多的礦物質。電解質為一種溶解於水中，可分解成帶有正、負電荷的化合物。帶有正電荷的稱之為陽離子，如：鈉離子（Na^+）、鉀離子（K^+）、鈣離子（Ca^{++}）等陽離子，而帶有負電荷的有：氯離子（Cl^-）、磷酸根離子（$HPO4^{2-}$）、重碳酸根離子（HCO_3^-）等陰離子。電解質在人體中對體內體液及酸鹼值之平衡，扮演著極重要的角色，在人的體液中含有各種不同的電解質，在細胞外液中主要以鈉及氯離子為主，而鉀、鎂及磷酸根離子則為細胞內液中主要的電解質。

1. 鈉（Na）

鈉的生理功能為：

(1)維持細胞外液中正常之滲透壓：體內鈉之濃度可改變對鉀離子、氯離子及水分之吸收與排除，進而影響這些物質在體液中之濃度。

(2)調節體內酸鹼平衡：鈉是鹼性的，可以中和體內的酸，而身體內大部分的反應都需在中性的環境中進行。

(3)參與神經傳導及肌肉收縮等重要生理功能。

鈉普遍存在於各種食物中，而食鹽（NaCl）則是鈉最主要的來源，此外味精、醬油、蕃茄醬及醃漬的食品中鈉的含量也很高，天然的食品中則以奶類、肉、魚、蛋及蔬菜中的菠菜及芹菜的鈉含量較高。在正常的情況下，人體對於鈉的需要量非常少，即使飲食中完全不加鹽，也可由一般食物中獲得足夠的鈉。由於鈉攝取過量是造成高血壓的主要原因，因此平時在飲食中應儘量減少食鹽的攝取。

2. 鉀（Potassium）

鉀的生理功能為：

(1)與鈉離子相似，可維持體內水分及電解質平衡及酸鹼平衡。

⑵影響肌肉收縮（特別是心肌）。

⑶參與肝醣及蛋白質的合成。

⑷參與神經刺激的傳導。

幾乎所有的食物中都有鉀的存在，因此在一般國人的飲食中少有鉀離子缺乏的情形產生。由於心肌的收縮對鉀很敏感，因此在嚴重腹瀉及嘔吐時，應儘快由食物或含有鉀離子的飲料或輸液中補充，以免因鉀離子過低而造成電解質失衡或休克的危險。

3.鈣（Calcium）

鈣的生理功能為：

⑴協助肌肉的收縮與舒張，因此也參與調節心跳。

⑵維持正常神經傳導功能。

⑶血液凝固需要鈣的幫忙。

⑷組成牙齒及骨骼的重要物質。

1 歲的幼兒體內含鈣約 100 公克，成年人約 1,200 公克，主要存在於人體的骨骼中。骨骼的主要成分雖然為無機質，但是具有成骨細胞與噬骨細胞，負責骨骼之礦物質化、生長的作用，使骨骼組織呈現動態之平衡。具生理活性之鈣是以離子化的型態存在於血液中，而血液中鈣離子濃度則主要由副甲狀腺及維生素 D 所調控。

食物中以牛奶、乳酪、部分深綠色蔬菜及穀類為鈣之主要來源，其中以牛奶及乳製品的鈣質最豐富。而牛奶中的乳糖，及通常牛奶中添加了的維生素 D，此二者均可促進鈣在小腸的吸收。動物的肉類、肝、帶骨的小魚，也是含鈣豐富的來源，但由於一般動物性食物中含磷較高，較易影響鈣質的吸收。草酸含量高的蔬菜如菠菜、花椰菜，因在腸道中易與鈣質結合而降低鈣質吸收。脂肪在腸道中會與鈣質發生皂化作用形成肥皂，因此高脂飲食也易導致鈣質的吸收降低（如表3-2）。

表 3-2　影響鈣吸收之因子

提高	降低
幼年	更年期後女性
青春期	老年期
懷孕期	草酸
乳糖	植酸
維生素 D	高脂食物

4.磷（P）

磷的生理功能為：

(1)人體內牙齒與骨骼組成之重要成分。

(2)構成細胞中遺傳物質 DNA、RNA 之重要成分。

(3)可促進體內醣類及脂肪氧化。

磷在體內礦物質中含量僅次於鈣。主要與鈣存在於骨骼中，其他則分布於體內軟組織及體液中。飲食中鈣與磷的比例，會影響身體對於兩者的吸收，一般而言，鈣磷比若為 1：1 至 1：

2，會促進兩者之吸收，若飲食中含磷過高，如肉類攝取過多，而鈣質很少，則鈣磷比過高，則容易造成體內鈣質吸收不良。對嬰幼兒鈣磷比則建議為 1：1.5，以避免因血鈣過低而造成痙攣。

由於一般含蛋白質豐富的食物，磷的含量也相當高，所以只要飲食中蛋白質含量適度，則磷也不虞匱乏。

5.氯（Cl）

氯的生理功能為：

⑴維持體內滲透壓、調節酸鹼、電解質的平衡。

⑵組成胃酸之成分，可活化胃部的消化酶及具有滅菌的功能。

與鈉相同，氯的來源主要是由食鹽中獲得，因此在日常的飲食中不虞匱乏。

6.鎂（Mg）

鎂的生理功能為：

⑴參與體內遺傳物質 RNA 的合成及 RNA 的複製過程。

⑵作為體內能量代謝之 ATP 之輔助因子。

⑶參與神經傳導與肌肉收縮反應。

體內鎂的濃度由腎臟負責調節，所以除了部分糖尿病患者、頻尿及腎功能不全患者較易有缺乏的危險，一般而言，鎂的缺乏較為少見，常見缺乏的症狀有噁心、嘔吐及肌肉顫抖等。

鎂為構成葉綠素分子之成分，因此深綠色蔬菜中鎂的含量甚為豐富。此外，全穀、核果類、海鮮、咖啡及茶也均含有非常豐富的鎂。

(二)微量礦物質

在構成人體的組成物質中，除了上述幾種主要的礦物質外，尚有許多含量甚微，也常被大家所忽略的礦物質。最近 30 年來，許多研究人員發現，這些含量甚少的礦物質也如同其他礦物質或維生素一樣，在參與人體代謝反應與調節生理機能上，扮演著重要且不可或缺的角色。目前已發現人體所必需的微量礦物質有鐵、銅、碘、硒、鋅、氟、錳、鎳、鉻、鉬、矽、銻、鈷、釩、鎘等。學者們也認為仍可能有一些微量元素在未來會被證明對人體是必要的。這就是為什麼，我們在每日飲食上要儘量多樣化的原因；多樣化的飲食可以確保營養素的來源是多方面的，而不會造成一些已知（或未知）微量營養素的缺乏。

由於許多微量礦物質對人體之功能迄今尚未完全明瞭，加上人體的需要量甚少，且罕有缺乏症的報導，以下僅就鐵、鋅、碘、硒等幾種微量元素加以討論。

1. 鐵（Iron）

鐵在人體中最主要的功能即是構成血紅素的主要成分，負責人體組織中氧及二氧化碳運輸的工作，血紅素的形成除了鐵之外，亦需要充足的蛋白質、銅、維生素 B_{12} 及葉酸。因此任何一種物質的缺乏都會造成貧血，但是以缺鐵性貧血最為常見。

缺鐵性貧血常見於 6 個月大至學齡前之嬰幼兒、青少年、有生理週期之女性及孕婦。臉色蒼白、易累、頭昏眼花、體重減輕，爲貧血常見之徵狀。

人體對鐵質的吸收率較低，約爲 5～15%，飲食中的鐵主要分成：有機鐵（Heme iron）及無機鐵（Non-heme iron）兩大類。有機鐵主要存在於肉類及動物的內臟，如肝、腎、心臟等，此類鐵質較容易爲人體所吸收；反之無機鐵，又稱爲植物性鐵，常存在於深綠色蔬菜、穀類、乾果及豆類中，人體較難吸收。除了鐵質的來源影響人體對鐵的吸收速率外，維生素 C 與肉類若與無機鐵共同食用，則會增加無機鐵被人體吸收的比率。反之，飲食中有太多的膳食纖維、穀類中的植酸、菠菜中的草酸，及咖啡與茶中的單寧酸，則會降低鐵質的吸收。

2.鋅（Zinc）

鋅的生理功能爲：

(1)人體內超過 50 種酶的組成需要鋅，是維持人體正常生長所必需的物質。

(2)協助體內蛋白質的合成，足夠的鋅可促進傷口癒合，及細胞的分化與繁殖。

(3)維持人體正常之味覺與嗅覺功能。

(4)維持細胞膜正常之結構與功能。

由於人體內許多代謝及生理反應都需要鋅的參與，因此在日常飲食中對此種微量礦物質的攝取亦不應忽視。嚴重的鋅缺乏會導致兒童生長遲滯、男性性功能衰退、傷口不易癒合、皮膚粗糙、食慾減退、昏睡、味覺喪失等症狀；懷孕期婦女若缺乏鋅，則會延緩子宮內胎兒生長，易導致先天性發育不良。

　　食物中含鋅較豐富的有肉類、動物內臟等高蛋白食物。海產類的蠔含鋅量特別豐富，此外綠色蔬菜、全穀及豆類，亦為鋅的攝取來源。但需注意飲食中過多的鐵質、銅、葉酸，則易干擾人體對鋅的吸收。

3. 碘（Iodine）

　　碘為體內合成甲狀腺激素的重要成分，而甲狀腺素重要功能為調節人體內的能量代謝。飲食中長期缺乏碘易引起俗稱大脖子的甲狀腺腫。懷孕婦女若缺乏碘，則新生兒易出現呆小症及智力障礙等症狀。海產食物如魚、貝類、海帶、紫菜等，為含碘豐富的食物。碘的缺乏症曾經一度是世界上（包括台灣）極常見的疾病，尤其是部分內陸國家；自從世界衛生組織推行在食鹽中添加碘的措施後，大脖子及呆小症的罹患人口逐漸降低。由於正常人每日均需攝取食鹽，因此添加碘的食鹽也成為碘的最主要來源。

4. 硒（Selenium）

　　硒的生理功能與維生素 E 類似，兩者皆可保護細胞膜上的不飽和脂肪酸，避免其受到過氧化物的傷害，不同處則是維生素 E 可減少人體內過氧化物的產生，而硒則協助體內合成可排除過氧化物的酶。

　　食物中全穀類、海鮮及動物內臟，含硒量較為豐富。食物中硒的含量常隨該地區土壤中硒的含量而異，在美國曾有部分

地區因土壤中含硒過高，而造成該地居民頭髮脫落，指甲缺陷
等中毒症狀。相反的在中國大陸的克山地區，則因土壤缺硒，
當地之小孩及婦女則有心肌退化萎縮等症狀發生。

營養與幼兒

第4章

幼兒之生長與發育

一、前言

嬰幼兒的生長與發育，大致可將之區分為下列數個時期：

1. 胎兒期（the prenatal）：出生前。

2. 新生兒期（the neonatal）：出生至出生後 4 星期。

3. 嬰兒期（the infancy）：出生 4 週後至滿 12 個月。

4. 學步期（the toddler）：1 至 2 歲。

5. 幼兒期或學齡前期（the pre-school children）：1 至 6 歲。

嬰兒期的生長發育，是人一生中，除了胎兒期以外，速度最快的一個時期，而幼兒期雖不像嬰兒期般快速的成長，但是智力與行為的發展卻是在此時期奠定。藉由了解此一階段嬰幼兒的生長與發育，可以作為我們對嬰幼兒身心健康與營養狀況的評估標準。而此一階段嬰幼兒健全的身心發展，則可爲日後持續的成長奠定良好的基礎。

　　生長與發展兩個名詞，常被大家共通使用，對於正常的嬰幼兒而言，兩者是並行的；但兩者並非絕對相同，仍需注意其間之差異。生長（growth）是一種「量」的表達，常用來表示人體體形大小的改變，是由於體內細胞大小的改變及細胞數量的增多。而發展（development）則是一種過程的表述，指個體內器官或是系統在功能上的進展程度。發展屬因年紀增長及與環境互動，而是身心變化及技能趨於複雜與精鍊，不但包括質與量的改變，亦是學習成熟的結果。生長與發育受到許多因素的影響，如遺傳、內分泌、環境及後天的學習等影響。而在環境影響的因素中，營養的需求與供給，更是影響嬰幼兒的生長與發育的重要因素。

二、體重與身高的改變

　　嬰兒出生時的體重，主要受母親懷孕前體重及在懷孕期間增加的體重所影響，以足月出生的嬰兒而言，正常的體重約爲 3,000 至 3,500 公克。剛出生的嬰兒，其體內約有 80% 爲水分，所以在出生後的前幾天，會因生理性失水的關係導致體重約下降 7% 至 10%，但約一星期後體重即回復，此後則開始快速的增加。嬰兒出生後的前 4 個月是體重增加最快的一個階段，4 個月大的嬰兒體重差不多已是出生時的 2 倍，此後體重增加速率逐漸減緩。1 歲時的體重約爲出生時的 3 倍，此後幼兒體重即以每

年 2 至 3 公斤的速率穩定的增加，直至青春期體重增加的速率
才再度的加快（如表 4-1 所示）。

表 4-1　台灣地區 1 至 6 歲幼兒身高、體重、胸圍、頭圍
　　　　平均值（1982 年）

年齡	身高（cm）		體重（kg）		胸圍（cm）		頭圍（cm）	
	男	女	男	女	男	女	男	女
1 歲至 1 歲 3 月	76.39	75.21	9.86	9.35	47.22	45.96	46.36	44.94
1 歲 3 月至 1 歲 6 月	80.04	78.86	10.64	10.19	48.17	47.12	47.15	45.96
1 歲 6 月至 1 歲 9 月	82.66	81.74	11.17	10.63	48.76	47.54	47.49	46.39
1 歲 9 月至 2 歲	84.64	83.74	11.48	11.24	48.64	48.29	47.53	46.62
2 歲至 2 歲 6 月	88.04	86.75	12.59	11.86	50.12	48.81	48.53	47.32
2 歲 6 月至 3 歲	91.08	90.34	13.21	12.78	50.69	49.82	48.66	47.86
3 歲至 3 歲 6 月	95.36	94.27	14.25	13.73	51.60	50.40		
3 歲 6 月至 4 歲	98.67	97.56	15.02	14.61	52.52	51.09		
4 歲至 4 歲 6 月	102.29	101.16	15.97	15.37	53.14	51.87		
4 歲 6 月至 5 歲	104.66	103.69	16.51	15.81	53.40	52.14		
5 歲至 5 歲 6 月	108.56	107.69	17.72	16.95	54.64	53.10		
5 歲 6 月至 6 歲	111.54	109.95	18.32	17.70	55.04	53.93		

　　身高的成長主要為體內骨骼生長的結果，嬰兒剛出生時平
均身高約為 50 公分；1 歲時增加 1.5 倍，約為 75 公分。所以同
體重一樣，1 歲之後的幼兒身高的生長速率漸緩；一般而言，在

體重與身高增加的速率上，性別差異對嬰幼兒而言影響不大，但是男性略高於女性。4 歲時的身高約達出生時的兩倍，即約 100 公分；此後至整個兒童期結束，每年約以 5 至 6 公分的速率增加。

三、身高比例與頭圍的改變

嬰兒身體各部分的比例與成年人相較，有著很大的不同，剛出生的嬰兒頭大，下肢較上肢短，身材的中點大約在肚臍上 2 公分處。在兒童期四肢的生長較軀幹快，青春期後則軀幹的生長稍快。頭部所占的比例由出生時約占身長的 1/4，到成年後僅約占身長的 1/8。嬰兒的頭圍於出生時平均約 35 公分，1 歲時約 46 公分，此後頭圍之生長速率即明顯下降，到 3 至 5 歲時則已達成人頭圍標準之 90%。從出生至 3 歲頭圍的測量很重要的，可以評估腦容量及腦容積的發展。由於新生兒的骨骼尚未鈣化，頭的外形易受嬰兒的睡姿所影響，所以需經常翻身，以避免長期壓迫而影響頭部的發展。

四、身體組成的改變

隨著體重與身高的增加，嬰幼兒體內的組成也隨著改變，新生兒體內水分含量約占體重的 80%，脂肪則約占 12% 至 16%，出生 1 個月嬰兒體內的瘦體組織（Lean body mass）約占體重的 12.5%。隨著水分所占比率逐漸降低，相對的瘦肉組織逐漸增加，在 1 歲時約占體重的 17%，其中男生稍高於女生。而脂肪組織則以出生後的前 9 個月增加速度最快，尤其在出生後的前 6 個月，脂肪增加的速率約可達瘦肉組織增加速率的兩倍，週歲時體脂肪約占體重的 24%。不僅是發生在青春期，在嬰兒期女孩子體脂肪增加的比率也高於男孩。嬰兒期由於骨骼中軟骨及水分的含量較高，隨著年齡增長而逐漸鈣化，新生兒體內約占 25 至 28 克的鈣質，至 1 歲時為出生時的 3 倍左右。

五、消化系統的發展

㈠牙齒

嬰兒的乳齒共有 20 顆，乳牙的牙胚在母親懷孕 4 個月時即開始成長、鈣化。因此懷孕期的母親若沒有足夠鈣質的補充，則日後幼兒的乳牙很容易因鈣化不完全而有蛀牙的現象。嬰兒牙齒長出的時間不定，4 個月至 1 歲長出第 1 顆牙都算正常；通常嬰兒在 6 個月時牙齒開始長出，首先由下顎 2 顆門牙，8 至 12 個月時長出 4 顆上門牙，約至 2 歲半時乳牙完全長齊。到了學齡期（6 歲以後）乳牙開始逐漸脫落，換上恆齒。恆齒長出後，一生即不再替換，恆齒若完全長出則共有 32 顆。

㈡唾液及消化液

嬰兒剛出生時口腔即能分泌少量唾液，但此時唾液量僅足夠滋潤口腔，到 2 至 3 個月大時唾液的分泌量才大量增加，每日分泌量約達50至150毫升，由於分泌量大及吞嚥未發展完全，此時嬰兒常會有流涎的現象。唾液中所含的消化酶只能消化澱粉類食物，而此時嬰兒的主要食物奶類則以雙醣類為主，因此唾液分泌量的多寡對嬰兒時期的消化能力較無影響。

　　嬰兒在剛出生時，體內所分泌的消化酶與成人消化酶有很大的差異，因此對於食物的攝取量及種類的選擇也有很大的限制。但是一個足月生產的新生兒，其體內之消化液足以供給消化及吸收飲食中的營養素，能提供身體的正常發育與發展。隨著年齡逐漸增長，消化系統益趨成熟，到了幼兒期，消化酶的分泌則幾乎與成年人相同，足以消化各種不同種類與質地的飲食。

(三) 胃

　　剛出生時嬰兒胃的容積僅約為 10 至 20 毫升，在出生 24 小時內嬰兒即可分泌胃酸及消化液，1 個月大時胃容量已達到 100 毫升，週歲時約為 200 毫升。新生兒胃的排空時間大約為 2 個半小時至 3 小時，所以嬰兒時期餵食的次數較為頻繁，間隔的時間也較短暫。較大嬰兒及幼童胃排空則延長為 3 至 6 小時。嬰兒時期胃的排空主要與胃的容積有關，而隨年齡增長，胃的排空則主要受到攝取食物的量及種類影響；脂肪含量高的食物在胃中停留較久，其次為蛋白質，醣類在胃中停留的時間最短。

(四) 腎臟功能

　　嬰兒剛出生時，腎臟的發育尚未成熟，腎元（nephron）的功能約在出生後 1 個月成熟；但是腎小管短且窄，且腎絲球之過濾率在新生兒時約僅為成人的 30%至 50%，需至 2 歲方達成人標準。因此在 2 歲前的嬰幼兒若尿液濃度高，容易對腎臟造成傷害，故應特別注意體液的補充。在正常情況下，新生兒在出生第一、二天排尿量只有 50c.c.，到了 1 歲以後，每天的排尿量約可達 400 至 500c.c.。

六、與飲食有關的行為發展

隨著嬰幼兒在生理發展上持續進行外，嬰幼兒在動作、認知、語言及社會行為的整體發展上，也令人有充滿驚嘆的快速轉變。在這段時期我們可以很清楚的觀察到，每一個個體由完全無助及被動狀態的嬰兒期，逐漸的發展到學步期的步履漸穩、充滿好奇及渴望獨立的特性。到了學齡前期的幼兒，隨著生理、心理發展的逐漸成熟，更表現出精力充沛，充滿創造性與冒險精神，持續的探索圍繞在他們周圍的繽紛世界。表 4-2 即說明了嬰幼兒在各年齡層與飲食有關的發展。然而必須注意的是，此表只顯示一般兒童的發展狀況，並不表示每個幼兒的發展均應如此。每一個嬰幼兒都是一個獨立的個體，因此生長的速率、動作發展與行為學習的快慢均不太相同。 由於每個人一生的飲食習慣在幼兒期均已建立，充分了解嬰幼兒在各階段的飲食行為發展，父母及保育者才可提供及設計合宜的環境與活動，協助嬰幼兒學習必備的飲食技巧，及矯正偏差的飲食習慣。

表 4-2　嬰幼兒飲食行為的發展

年齡	發展特徵
0～3 個月	物品放置嘴邊會有吸吮的動作。 開始將手放入口中。
3～6 個月	認得熟悉的物體，如奶瓶、玩具。 開始長出牙齒。 能以整隻手抓東西，能握奶瓶，並把東西放入口中。 開始學習咀嚼食物。 可開始少量給予過濾渣滓後之副食品，如稀釋之果汁、穀類食物。 吃飽不餓時會將頭轉開。
6～9 個月	能以拇指及食指，以弧形刮取東西。 可開始以調羹餵食副食品。 開始咀嚼及吞嚥搗爛的食物。 可用手拿餅乾。
10～12 個月	可以握住餐具。 可舔掉下嘴唇的食物。 可模仿他所看到的動作與行為。 在他人的協助下開始自己進食。
1～1.5 歲	自己吃東西拿湯匙、握茶杯、喝水。 可進食煮軟的食物。

表 4-2　嬰幼兒飲食行為的發展（續）

年齡	發展特徵
1.5～2 歲	可握好湯匙，並可成功將食物送入嘴中。 可開始攝取一般飲食。 食慾減退。 表現自己要吃或是不要吃的食物，但好惡常常轉變。
2～3 歲	自己倒水，自己進食，拒絕別人協助。 決定自己喜愛食物的種類。 喜歡沒有混雜在一起的食物。
3～5 歲	食慾有所改善。 比較少表明自己喜愛的食物。 選擇的食物種類增加。 喜愛協助餐前的準備工作。

第**5**章

幼兒營養狀況評估

　　營養評估（Nutritional assessment）是藉由客觀的蒐集個人或一個群體目前身體健康的資訊，進而根據可用的資料，以專業的知識與經驗來探討其營養的狀態，而得以發現問題並提供解決方案，並作爲日後評價（evaluation）時的基準。而一個人的營養狀況除了受本身的生理、病理狀況影響外，主要受到過去飲食型態的影響，但是其他因素如社會、宗教、文化、經濟各方面等，也都會影響一個人的營養狀況。因此營養評估通常包括人體測量（Anthropometric measurements）、生化檢測（Biochemical tests）、臨床徵狀（Clinical Signs）及飲食調查（Dietary surveys）等幾個部分的資料，方可得到較高的信度與準確度。

　　在幼兒階段正常的生活與行爲發展，是奠定未來一生健康的基礎，而適量的食物供應與充足的營養，則是維持此時期良好的生長與發育的重要因素，因此此時父母親及幼兒的照顧者需時時注意，評估幼兒的營養狀態，及早發現問題並加以解決，使此時期的幼兒在身心上都能獲得充分的生長與發展。

一、人體測量

　　幼兒生長速率的快慢與體型的改變，主要是受到遺傳及環境因素的影響，而大多數的學者也認同在環境因素的影響上，營養是其中最重要的因子。人體測量大致包括了身高、體重、頭圍、皮下脂肪測量、臂圍、腰圍、臀圍等，而前三者較常作為嬰幼兒時期評估其營養狀況的工具。人體測量因其操作容易，對人體又不具侵犯性，所以是在家庭及保育場所中最常作為評估幼兒成長的工具。然而家長與保育人員在對嬰幼兒實施人體測量前，應熟悉測量的方法，了解如何正確的解釋測量結果，以免造成誤差及誤判嬰幼兒的營養狀態，而影響了後續施行營養計畫的成效。

㈠身長（Length）與身高（Height）

1. 測量方法

　　2 歲前的嬰兒由於還無法自主的站立，因此多以平臥式的身長測量器來實施（如圖 5-1 所示），由於嬰兒易動因此在測量身長時以一人測量、一人協助的方式較佳，首先使嬰兒正面仰臥在測量器上，一人輕握住頭部使其緊貼於固定之木板，測量者左手輕壓著嬰兒膝部使嬰兒的腿部伸直，右手則移動木板使其與嬰兒腳掌密合，由測量器上讀取嬰兒身長。對於 2 歲以上的幼童，一般均以站立的方式測量其身高。測量身高時必須是在平滑地面，測量尺平貼於與地面垂直的牆面上，需注意測量尺的「0」點必須與測量者的腳跟在同一個位置。一般我們常見體重計上所附加的身高器，由於受測者站立處並非十分平穩，頭板也未能保持與測量尺成垂直的角度，加之測量尺常未經精確的校準，因此較不建議用來測量幼兒的身高。

圖 5-1　嬰幼兒身長測量器

2.測量步驟

(1)測量前應先告知受測者除去鞋子，若幼兒戴有頭飾應先解下，以避免測量時產生誤差。

(2)要求受測者站直，雙眼平視正前方，兩臂自然下垂，雙膝緊貼。

(3)確定受測者的頭部、肩膀、臀部及腳跟四點需緊貼著牆面或測量器上。

(4)由於幼兒好動及頑皮的個性，測量前應再次檢查膝蓋是否貼緊及腳跟是否離開地面。

(5)將測量頭板下移使其緊貼於頭頂，確定頭板與測量尺維持垂直狀態。

(6)讀取測量值至 0.1 公分，並立即記錄。

(二)體重

1.測量方法

出生 2 歲前的幼兒，體重的測量通常使用嬰兒用的體重器（如圖 5-2 所示），2 歲以後的幼兒則可使用一般的體重器秤重。目前市售之體重秤量器種類繁多，在價格、方便性、精確度及維護保養上也各有利弊，因此機械式或電子式的磅秤何種較好，並無定論。但是為求測量結果之精準，除了體重計之誤差值應為 100 公克以內外，同時亦應準備 20 公斤重的砝碼一至二個，在測量前務必對體重器做校準及歸零的工作。

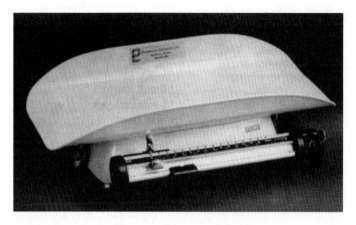

圖 5-2　嬰幼兒體重器

2.測量步驟

(1)確定體重器是處於「歸零」的狀態，若為嬰兒，則體重器可先放一塊乾淨尿布後再歸零。

(2)嬰兒秤重，以裸身僅穿一件乾淨尿布為原則。幼兒則應除去鞋子，衣著應以單薄之室內服裝為原則，夾克、毛衣外套均應脫除。無論嬰兒或是幼童，秤重時均應使其位於體重器的中央，以避免誤差產生。

(3)讀取嬰幼兒體重並立即記錄，嬰兒應記錄至 0.01 公斤，幼兒則為 0.1 公斤。

㈢身高與體重的評估

1. 生長曲線圖（Growth chart）

　　生長曲線圖可顯示在同年齡、同性別下，一個嬰幼兒的身高與體重的生長狀況與其他嬰幼兒之差異；可以協助父母及保育人員及早發現生長狀況異常之嬰幼兒。在生長曲線表中幼兒的成長是以百分位的方式表示，我們可由身高及體重在生長曲線圖上的落點，即可比較出幼兒在與同年齡兒童的成長差異。舉例而言，一位 5 足歲體重落點在 90 百分位的女童（約重 21.7 公斤），表示在所有 5 足歲的女童中有 10%女童的體重較該童的體重更重，而有 90%的女童體重較該童爲輕。一般而言，幼兒的身高與體重百分位在生長曲線圖上的落點介於 25 至 75 百分位的範圍內，均是屬於正常的生長狀態。若體重之落點在 90 百分位以上或是 10 百分位以下，則顯示幼兒有過重或是體重過輕的現象，而身高的測量若落於 10 百分位以下，則可能有生長遲滯的現象。詳見圖 5-3 至圖 5-6。

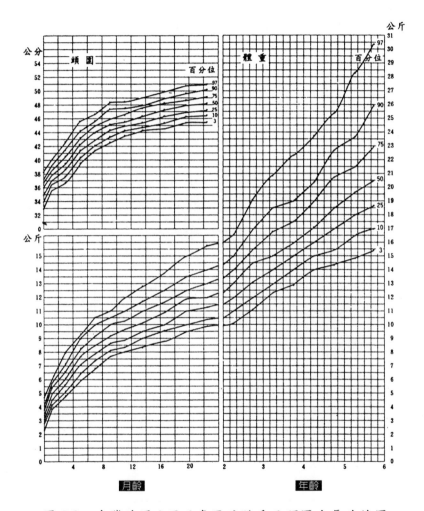

圖 5-3　台灣地區 0 至 6 歲男孩體重及頭圍生長曲線圖
資料來源：取自行政院衛生署 1996 至 1997 年研究調查資料。

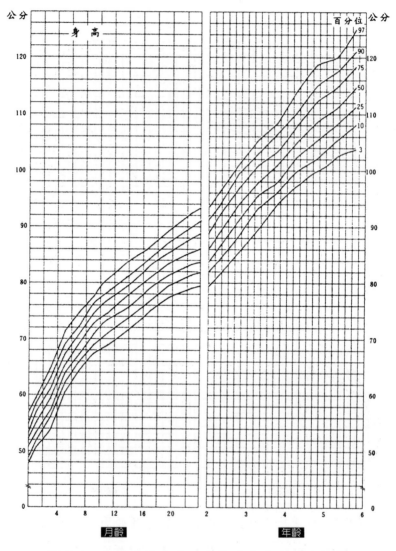

圖 5-4　台灣地區 0 至 6 歲男孩身高生長曲線圖

資料來源：取自行政院衛生署 1996 至 1997 年研究調查資料。

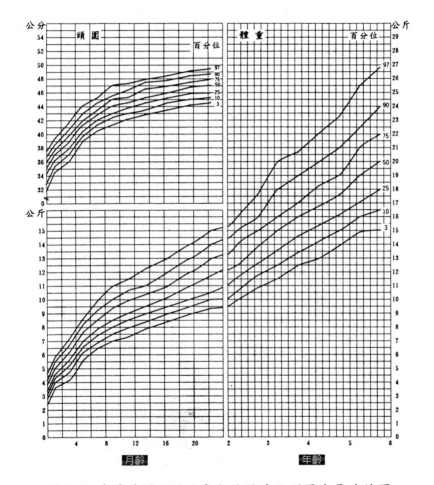

圖 5-5　台灣地區 0 至 6 歲女孩體重及頭圍生長曲線圖

資料來源：取自行政院衛生署 1996 至 1997 年研究調查資料。

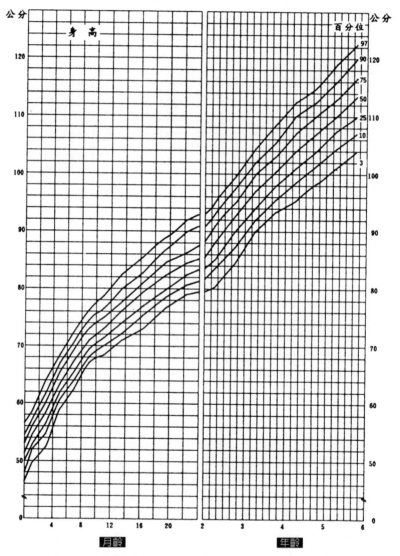

圖 5-6　台灣地區 0 至 6 歲女孩身高生長曲線圖

資料來源：取自行政院衛生署 1996 至 1997 年研究調查資料。

如前所述，幼兒的生長受到了遺傳、環境等許多因素的影響，生長曲線圖是我們持續監控幼兒生長的一個很好的工具，並可及早篩選出高危險的幼兒；但是生長曲線圖並不能作為對於嬰幼兒診斷的唯一依據，一位體重90百分位的幼兒，並不一定是過重的，很可能僅是這位幼兒體重發展較其他同年齡兒童較早的緣故；因此定期、持續的測量幼兒的身高與體重，並記錄於生長曲線圖上，是應用此圖相當重要的一個原則。只憑一次的測量結果來解釋幼兒的生長狀況是無意義的，而且十分容易造成誤判。基本上幼兒的身高與體重的增加，若持續且穩定的位於同一個百分位軌道中，則該幼兒的生長狀況很正常，顯示其健康與營養狀況也屬於良好的狀態。表5-1顯示在生長曲線圖上可能的幾種形式。若幼兒的生長有不正常的情形出現，則應儘早尋求專業機構及人員的協助，以求及早發現是生理或是營養問題並加以解決。

表5-1　常見之生長曲線型態及可能代表意義

曲線型態	代表意義及應採取之行動
百分位線 ╱	快速生長、正常，持續追蹤，若曲線跨越至上層百分位線則應注意幼兒是否過重。
百分位線 ╱	緩慢生長、正常，持續追蹤，並應觀察幼兒飲食及生理是否有異常現象。
百分位線 ──	生長停滯、異常，應立即檢討造成幼兒停止生長之原因，並尋求專家協助。
百分位線 ╲	體重減輕，嚴重異常，幼兒過去數月身體可能遭受重大疾病，應立即轉介至醫療院所做進一步的診斷。

2.重高指數（Weight-for-length-index, WLI）

　　這是目前教育部建議極適合用於 15 歲以下青少年及幼兒體位及肥胖程度的評估。重高指數的原理是假設在同樣性別與年齡下，相同百分位數身高與體重的兒童其體位生長的狀況應屬於正常。重高指數的計算方法如下：

$$重高指數 = \frac{幼兒的體重（公斤）\div 幼兒的身高（公分）}{重高常數}$$

　　而重高常數則是同性別同年齡第五十百分位體重與身高之比值，亦即：

$$重高常數 = \frac{同性別同年齡層第五十百分位的體重（公斤）}{同性別同年齡層第五十百分位的身高（公分）}$$

　　重高常數可由表 5-2 查出。

　　依據重高指數的標準，指數介於 0.9 至 1.09 代表幼兒生長發育狀況良好，若指數介於 1.1 至 1.19 則為體重過重，若指數大於 1.2 則可界定為肥胖。重高指數曾以國內 10,821 位兒童為對象，測量其重高指數，發現對於評估肥胖的準確程度極佳；由於此法計算簡單又有國內之標準值可以參考，是很值得作為篩檢或臨床上評估小兒肥胖的方法，以及作為長期追蹤幼兒生長狀態的依據。不過近年來台灣地區整體幼兒身高與體重的增加相當顯著，因而身高與體重的 50 百分位值也隨之增加。

表5-2　4至18歲之重高常數

年齡（足歲）	男	女
4	0.162	0.157
5	0.178	0.165
6	0.187	0.180
7	0.207	0.190
8	0.213	0.210
9	0.239	0.231
10	0.252	0.250
11	0.265	0.264
12	0.282	0.307
13	0.292	0.307
14	0.317	0.319
15	0.341	0.328
16	0.345	0.326
17	0.378	0.329
18	0.357	0.331

資料來源：陳偉德（2002）。學生體重控制指導手冊（頁18）。台北：教育部。

3. 身體質量指數（Body mass index, BMI）

身體質量指數是另一種簡單方便的評估肥胖方法，其計算方式是以體重（公斤）除以身高（公尺）的平方（kg/m2）。BMI 法常用於界定成人的肥胖，在國內成人以 BMI 界於 18.5 至 24 為正常體重，24 至 27 為體重過重，超過 27 者為肥胖。由於學齡前的幼兒，在同一年齡層內身高及體重之變異性較大，因而 BMI 也有較大的差異，故較少用來作為評估幼兒生長及營養狀態的指標。根據研究（游素玲，1996），3 至 6 歲的幼兒 BMI 以 15 至 17 為正常，若大於 19 則可視為肥胖（如表 5-3 所示）。

表 5-3　兒童與青少年肥胖定義

年齡	男生			女生		
	正常範圍 （BMI 介於）	過重 （BMI≧）	肥胖 （BMI≧）	正常範圍 （BMI 介於）	過重 （BMI≧）	肥胖 （BMI≧）
2	15.2 至 17.7	17.7	19.0	14.9 至 17.3	17.3	18.3
3	14.8 至 17.7	17.7	19.1	14.5 至 17.2	17.2	18.5
4	14.4 至 17.7	17.7	19.3	14.2 至 17.1	17.1	18.6
5	14.0 至 17.7	17.7	19.4	13.9 至 17.1	17.1	18.9
6	13.9 至 17.9	17.9	19.7	13.6 至 17.2	17.2	19.1
7	14.7 至 18.6	18.6	21.2	14.4 至 18.0	18.0	20.3
8	15.0 至 19.3	19.3	22.0	14.6 至 18.8	18.8	21.0
9	15.2 至 19.7	19.7	22.5	14.9 至 19.3	19.3	21.6

㈣頭圍（Head Circumference）的測量

　　頭圍在營養評估上的敏感度較不如體重及身高的測量。然而對於評估幼兒腦部的發育及腦容量大小則可作為一個很好的指標，可及早發現幼兒是否有頭小症（Microcephaly）（<5 百分位）或是巨頭症（Macrocephaly）（>95 百分位）。

二、生化檢測法

　　生化檢測法包括了在實驗室中測試各種生理組織與體液，例如血液資料或是尿液的分析；生化測驗可以反應一個人的攝食狀況與營養不足所引起體內代謝變化的情形，來確定營養素的提供是否過多或是缺乏。這些測試通常是由醫療機構或專門的實驗室來實施，一般幼兒常接受之生化測驗，包括血清蛋白質、血鐵蛋白、血溶比、血清維生素 A 等，其參考值如表 5-4 所示。

表 5-4　常用於幼兒（1 至 5 歲）營養評估之生化指標

生化測驗	過低	正常	過高
血紅素（gm/100ml）	＜ 10.0	11.5 至 15.5	＞ 11.0
血溶比（%）	＜ 31	34 至 45	＞ 34
血鐵質（μg/100ml）	＜ 40	40 至 49	＞ 49
運鐵蛋白（%）	＜ 15	15 至 29	＞ 30
血蛋白質（gm/100ml）	＜ 5.0	5.0 至 6.0	＞ 6.0
血白蛋白（gm/100ml）	＜ 2.5	2.5 至 3.5	＞ 3.5
血 VitA（μg/100ml）	＜ 20	20 至 80	＞ 80

資料來源：摘自 HNES, USA（1971-1972）。

三、臨床徵狀

　　直接觀察兒童身體外觀行為表現，就可以大略的了解幼兒的營養與一般的健康狀況。一個營養狀況良好、身體健康的幼兒，其外在所表現出來的生理特徵應該包含了：

・適合他年齡的身高與體重。

・眼睛明亮、臉色沒有蒼白浮腫、黑眼圈或皮膚乾裂的現象。

・牙齒沒有蛀牙、疼痛或斑點，牙齦堅固成粉紅色。

・嘴唇柔軟、滋潤，沒有龜裂或嘴角發炎等現象。

・行為表現敏捷、熱心及充滿活力。

　　反之，如果幼兒的營養狀況不良，則可以很容易由幼兒外觀上觀察出營養缺乏的徵候，如表 5-5 所示。但是，需注意由臨床徵狀上來判斷營養狀況是較主觀的方法，因此也較不可靠；

而且生理上出現徵狀時，經常也都是營養狀況已嚴重不良時才顯現出來。所以臨床徵狀只適宜作爲評估營養狀況時的輔助篩檢工具，若出現營養缺乏徵狀之幼兒，應儘快轉介給專業之人員或醫療機構，以較客觀的評估方法（如生化檢測），做進一步的確認及早治療。

表 5-5　臨床徵狀與營養缺乏的關係

	臨床徵狀	可能缺乏之營養素
頭髮	毛髮脫落、稀少、毛髮乾燥	蛋白質、鋅、肌醇、蛋白質、維生素 A、生物素
臉面	脂溢性皮膚（鼻翼）蒼白	維生素 B_2、B_6、菸鹼酸、葉酸蛋白質、鐵、維生素 B_{12}
眼睛	角膜結膜乾燥、角膜周圍充血、畏光	維生素 A 維生素 B_2
口腔	齲齒 牙齦出血、腫 口腔炎、口角炎、舌頭呈腥紅色、味蕾變化	維生素 D、鈣質、維生素 C、維生素 B_{12}、B_6、維生素 B 群，尤其是維生素 B_2 與菸鹼酸
皮膚	乾燥、粗糙、發癢 毛囊周圍角化 濕疹、皮膚炎	維生素 A 必需脂肪酸 維生素 B_2、B_6、生物素、菸鹼酸
指甲	破裂、起梭、匙狀指	維生素 A、蛋白質、鐵質
骨骼	骨折或彎曲	維生素 D、鐵質與蛋白質

四、飲食調查

　　飲食調查是評估營養素攝取是否足夠的基本方法。然而由於幼兒在語言及溝通能力上尚未成熟發展，要調查幼兒食物的攝取量相當困難，常需要藉由家長及幼兒的食物供應者的協助才能完成。通常幼兒飲食調查的問卷應包括了幼兒飲食型態的調查及實際飲食攝取兩大部分，如表 5-6 所示，進而參考食品營養成分表及每日飲食建議攝取量等輔助工具，來評估其營養素的攝取情形。其中調查幼兒實際飲食的攝取，最常採用 24 小時飲食回顧法，由家長從旁協助，以回憶的方式記錄幼兒過去 24 小時實際的飲食攝取，為求精確建議，至少選擇具有代表性的 3 天（含 1 天週末），再來求得其平均每日營養素的攝取量。

表 5-6　幼兒飲食問卷範例

飲食問卷

1. 小孩上學之狀況

　(1)沒有上學　(2)上托兒所　(3)上幼稚園　(4)上學

2. 母親就業狀況

　(1)沒有就業（家管）　(2)可兼顧家庭之工作（如：務農、自營商店等）

　(3)固定上下班之工作　(4)非固定上下班之工作

　(5)母親不在身邊（亦指母親已歿或離異）

3. 小孩吃早餐之狀況

　a.小孩是否有吃早餐之習慣？

　　(1)每天吃　(2)一週有1、2天沒吃（吃5、6次）

　　(3)一週有3、4天沒吃（吃3、4次）　(4)一週只吃1、2次

　b.早餐之食慾

　　(1)吃的很多　(2)普通　(3)吃的不多　(4)幾乎沒吃

　c.早餐最常和誰一起吃

　　(1)雙親　(2)母親　(3)父親　(4)小孩自己　(5)其他人　(6)全家人

4. 小孩吃晚餐之狀況

　a.晚餐之食慾　(1)吃的很多　(2)普通　(3)吃的不多　(4)幾乎沒吃

　b.晚餐最常和誰一起吃　(1)雙親　(2)母親　(3)父親　(4)小孩自己

　　(5)其他人　(6)全家人

5. 小孩吃點心（或零食、宵夜）的情況

　a.小孩是否有每天吃點心、零食或宵夜的習慣？

　　(1)每天吃　(2)一週5、6次　(3)一週3、4次　(4)一週只吃1、2次

　　(5)沒有吃（跳答6）

　b.小孩平常點心（或零食、宵夜）是下列這些來源嗎？（複選）

　　(1)家中自製　(2)家人購買　(3)小孩自己使用零用金購買

　　(4)幼稚園或學校提供

6.請回憶小孩昨日（前一日）食物攝取狀況：

早餐　　　　　　　　　　　　　　時間：　月　日　時　分
1.主食類：＿＿＿＿＿＿＿＿＿＿＿＿＿＿＿＿＿＿＿＿＿＿
2.菜餚類：＿＿＿＿＿＿＿＿＿＿＿＿＿＿＿＿＿＿＿＿＿＿
　　　　　＿＿＿＿＿＿＿＿＿＿＿＿＿＿＿＿＿＿＿＿＿＿
3.湯　類：＿＿＿＿＿＿＿＿＿＿＿＿＿＿＿＿＿＿＿＿＿＿
4.水果類：＿＿＿＿＿＿＿＿＿＿＿＿＿＿＿＿＿＿＿＿＿＿
5.奶　類：＿＿＿＿＿＿＿＿＿＿＿＿＿＿＿＿＿＿＿＿＿＿
6.飲料類：＿＿＿＿＿＿＿＿＿＿＿＿＿＿＿＿＿＿＿＿＿＿

午餐　　　　　　　　　　　　　　　　時間：　時　分
1.主食類：＿＿＿＿＿＿＿＿＿＿＿＿＿＿＿＿＿＿＿＿＿＿
2.菜餚類：＿＿＿＿＿＿＿＿＿＿＿＿＿＿＿＿＿＿＿＿＿＿
　　　　　＿＿＿＿＿＿＿＿＿＿＿＿＿＿＿＿＿＿＿＿＿＿
3.湯　類：＿＿＿＿＿＿＿＿＿＿＿＿＿＿＿＿＿＿＿＿＿＿
4.水果類：＿＿＿＿＿＿＿＿＿＿＿＿＿＿＿＿＿＿＿＿＿＿
5.奶　類：＿＿＿＿＿＿＿＿＿＿＿＿＿＿＿＿＿＿＿＿＿＿
6.飲料類：＿＿＿＿＿＿＿＿＿＿＿＿＿＿＿＿＿＿＿＿＿＿

晚餐　　　　　　　　　　　　　　　　時間：　時　分
1.主食類：＿＿＿＿＿＿＿＿＿＿＿＿＿＿＿＿＿＿＿＿＿＿
2.菜餚類：＿＿＿＿＿＿＿＿＿＿＿＿＿＿＿＿＿＿＿＿＿＿
　　　　　＿＿＿＿＿＿＿＿＿＿＿＿＿＿＿＿＿＿＿＿＿＿
3.湯　類：＿＿＿＿＿＿＿＿＿＿＿＿＿＿＿＿＿＿＿＿＿＿
4.水果類：＿＿＿＿＿＿＿＿＿＿＿＿＿＿＿＿＿＿＿＿＿＿
5.奶　類：＿＿＿＿＿＿＿＿＿＿＿＿＿＿＿＿＿＿＿＿＿＿
6.飲料類：＿＿＿＿＿＿＿＿＿＿＿＿＿＿＿＿＿＿＿＿＿＿

宵夜　　　　　　　　　　　　　　　　時間：　時　分
1.主食類：＿＿＿＿＿＿＿＿＿＿＿＿＿＿＿＿＿＿＿＿＿＿
2.菜餚類：＿＿＿＿＿＿＿＿＿＿＿＿＿＿＿＿＿＿＿＿＿＿
　　　　　＿＿＿＿＿＿＿＿＿＿＿＿＿＿＿＿＿＿＿＿＿＿
3.湯　類：＿＿＿＿＿＿＿＿＿＿＿＿＿＿＿＿＿＿＿＿＿＿
4.水果類：＿＿＿＿＿＿＿＿＿＿＿＿＿＿＿＿＿＿＿＿＿＿
5.奶　類：＿＿＿＿＿＿＿＿＿＿＿＿＿＿＿＿＿＿＿＿＿＿
6.飲料類：＿＿＿＿＿＿＿＿＿＿＿＿＿＿＿＿＿＿＿＿＿＿

資料來源：1994 至 1996 年全國營養調查。

五、轉介與持續的追蹤與轉介

　　幼兒營養評估是必要的，而且必須持續的進行，以求及早發現幼兒在營養供應上的缺失。由於大部分的家長缺乏幼兒營養狀況評估方面的專業知識，因此教師及保育人員在這方面扮演著非常重要的角色，教保人員需與家長保持著密切的聯繫，並要取得家長的信任與合作。對於在評估幼兒營養狀況時所發現的問題，教保人員需與幼兒家長配合，共同在家庭及保育場所內改善幼兒在營養供應上的缺失。保育人員更應對幼兒的營養狀況持續的追蹤評量，使幼兒的營養狀態可維持或改善至良好的程度。

　　在熟悉了幼兒營養評估的內容後，教保人員需牢記，大多數的評估方法與測驗都有其限制；因此，對於這些評估方法及測驗上的結果，必須給予審慎的解釋。而且在評估過程中所篩檢出的高危險幼兒，應儘快建議家長轉介給專家做進一步客觀的評估與判定，因此教保人員有必要進一步了解地方上可提供營養專業評估與諮詢的場所，醫療機構與專家如此才可幫助父母更容易獲得幼兒所需的營養及醫療方面的照顧及協助。

第6章

幼兒營養需求

　　對人體而言，充足營養素的攝取可以供應人體所需要的能量、調節生理機能、促進生長以及維持與修補身體組織。學齡前期的幼兒其生長速度雖不如嬰兒期般的快速，但身高與體重仍是以一個穩定的速度增加。近年來，許多有關台灣地區嬰幼兒生長狀況的調查，均顯示在 1 歲前台灣地區嬰兒的生長狀況與美、日等國相似，甚至更好。然而在 1 歲以後，在身高方面則仍舊比美、日等國同年齡的幼兒來的較為矮小，其原因是由於遺傳因素或是營養供應不足所造成，仍有待更多的研究來驗證；然而不容忽視的是，最近的營養調查發現，台灣地區幼兒在營養素的攝取上，鐵質、鈣質、維生素 A、B_1、B_2 仍有未達每日建議攝取量的情形，顯示台灣地區幼兒生長狀況仍未達到充分的生長潛能。因此了解此一階段幼兒的營養需求，得以在幼兒的飲食中加強補充較易缺乏的營養素，則可使此階段的幼兒能充分的發展，並達到其生長的潛能。

一、熱量

　　幼兒時期的能量需求在個體間的差異很大，主要是受到生長速率、身材大小與活動量的影響而有差別。近年來，由於台灣地區食物供應來源不虞匱乏，在學齡前幼兒中已較少有熱量缺乏的情形發生，反倒是因食物攝取過多而導致幼兒肥胖的情形日益嚴重；因脂肪、蛋白質及甜食攝取過多而使五穀根莖類的主食攝取不足，如此熱量營養素分配不均衡而導致幼兒齲齒、偏食等問題。這些問題則是對幼兒能量攝取上較為大家所關切的課題。

　　一般人每天熱量的需求，主要在於提供體內的基礎代謝（Basal Metabolic Rate, BMR）及活動時所消耗的熱能。對於嬰幼兒而言，則尚需考慮到生長也需要消耗能量。根據世界衛生組織（WHO）所做的估計，每增加一克的體重約需消耗 3 至 5 仟大卡的熱量。因此，幼兒能量的需求應等於維持身體正常機能所需消耗的能量，加上活動及生長發育所需消耗的能量。若熱量的攝取超過了每日所需消耗的熱量，則多餘的熱能就會轉變為脂肪堆積於體內而導致肥胖；反之，若熱量攝取不足，則體內的蛋白質及脂肪就會分解轉變成熱量，進而造成體重減輕、營養不良、發展遲緩的現象。因此維持幼兒正常的成長，熱量的支出與攝取，應該要處於一個平衡的狀態。

　　人體的基礎代謝率以嬰兒時期最高，而後隨年齡的成長而逐漸降低，主要的原因在於幼兒每單位體重的體表面積比成年人大，熱量散失較多所造成。此外，器官組成比率不同也是使得幼兒基礎代謝率較高的原因，例如嬰幼兒時期腦部占體積組成比率較大，且快速發育，因此單位體重的熱量消耗自然較成人為高。

　　幼兒時期活動所消耗的熱量不僅在個體間有很大的差異，同一個幼兒，每天的活動也有很大的差異。估計幼兒每天活動時熱量的支出約占每日總熱量的三成，而喜歡靜態活動如看電視、畫畫的幼兒，每日所需的熱量約較喜愛戶外運動的幼兒減少 10%。目前行政院衛生署建議幼兒每日的熱量需求，在 4 歲以前不分男女均為 1,200 大卡，4 歲以後由於活動量不同及男女體型差異逐漸增加，所以 4 至 6 歲之男童每日熱量需求為 1,650 大卡，女童則僅需 1,450 大卡。

　　由於對熱量的需求，在幼兒時期個體間的差異極大，評估幼兒熱量的攝取是否適宜，最好的方法就是利用生長曲線圖定期、持續的監控幼兒的身高與體重的發育是否正常。若體重與身高的百分位線持續上升或速率在固定的軌道上升，則表示熱量供應適宜。若身高的百分位線快速上升或上升速率減緩，而使體重的百分位線向上跨越或是跌落至另一個百分位軌道，則顯示幼兒有肥胖或是營養供應不良的現象。

表 6-1　嬰幼兒每日熱量支出分配　　　　（單位：仟卡）

年齡	維持正常生理機能	生長	活動量
3 個月	365	128	57
9 至 12 個月	800	60	150
2 至 3 歲	1,020	30	310
4 至 5 歲	1,200	35	485

二、蛋白質

　　在幼兒時期，蛋白質的需要量遠較成年人為高，嬰兒剛出生時每公斤體重約需要 2.4 克的蛋白質，6 歲的幼兒每公斤體重約需要 1.5 公克的蛋白質，而成年人蛋白質的需要量每公斤體重僅約為 0.8 至 1 公克，期間的差異主要即在於提供嬰幼兒在成長時所需的蛋白質。

　　幼兒對於蛋白質的需要量，被界定為須能滿足幼兒正常生長所需及維持體內氮平衡所需量。由於食物中蛋白質的品質影響身體的蛋白質消化及利用率，所以行政院衛生署對於兒童蛋白質的建議攝取量以嬰幼兒攝取牛奶及其他高蛋白質利用率的食物為準，而設定之蛋白質建議攝取量，請見第一章表 1-2 之 7 歲以下部分（第 9 至 11 頁）。1 歲以下的嬰兒時期由於腎臟功能尚未完全成熟，若蛋白質的攝取超過了每日總熱量的 20%，使得體內溶質增多，不只增加身體對水分的需求，也會增加嬰兒腎臟負擔，且容易發生脫水現象。而對於 1 歲以上幼兒而言，雖然過量蛋白質的攝取無明顯的證據顯示會影響生理功能，然而在體內卻是一種不經濟、代謝效率又低的獲得能量方法；多餘的蛋白質除了提供熱量，也可轉變爲脂肪貯存於體內，建議適量攝取即可。

幼兒蛋白質之攝取宜以高品質之動物性蛋白質爲主。1 歲以上之幼兒動物性蛋白質之攝取量宜占總蛋白質攝取量之 1/2 至 1/3，以充分滿足幼兒生長需求。一般植物性來源的蛋白質如米、麵粉、豆類、玉米，由於缺乏一種或數種必需胺基酸，因此在人體內的利用效率較低，所以並不建議作爲成長中的兒童全部的蛋白質來源；但若有特殊原因必須素食，則幼兒最好搭配奶蛋類食物共同食用，或是同時攝取不同的植物性蛋白質來源的食物，以互補的方式增進蛋白質的利用效率。

三、醣類

嬰幼兒時期醣類的攝取約占整日能量需求的 50%，醣類爲人體內能量主要的來源。當醣類供應不足，體內的蛋白質及脂肪會被分解爲能量來源，如此則無法提供足夠之蛋白質來建構身體組織，維持幼兒正常的生長。由於醣類缺乏時，體內的胺基酸與脂肪中的甘油都可轉變爲葡萄糖供身體利用，因此並無醣類的建議攝取量，一般建議以每日至少應攝取 50 至 100 公克的醣類，以防止脂肪在代謝產生能量的過程中造成酮酸中毒。

由於醣類主要的功能在於提供人體每日所需的主要能量，在嬰兒時期，醣類主要來自嬰兒配方奶粉或母乳中之乳糖；在幼兒時期，醣類的飲食來源則日趨複雜，所以父母及保育人員在選擇食物時，食物中所提供的營養素應避免只含有醣類，更應包含其他的營養素，例如糖果、汽水、餅乾，除了醣類只供應其他少量的營養素，所以不宜建議幼兒大量食用。而五穀類食品除了醣類，也含有豐富的維生素 B 群；豆類則是醣類、蛋白質、鐵質、維生素 B 群的含量都很豐富，這些都是很好的食物選擇。此外嬰幼兒有喜愛甜食的天性，此類食物除了容易導致幼兒齲齒的發生，同時也容易降低食慾、減少其他食物的攝取，造成營養不均衡的現象；這類甜食包含汽水、糖果、糕餅等，都不宜過量攝取。

　　醣類中的膳食纖維是近年來廣為大家所注意的焦點，對成年人來說增加膳食纖維的攝取，有預防便秘、大腸癌、降低血脂，即增加高密度脂蛋白和預防心血管疾病等方面的好處，因此許多人也建議應增加幼兒對膳食纖維的攝取，然而部分學者卻持保留的態度，主要原因是由於膳食纖維易與金屬離子結合，若增加幼兒膳食纖維的攝取，可能會導致體內部分礦物質缺乏，因此在這方面還有待進一步研究。雖然如此，大部分的學者仍認同適量的攝取膳食纖維，如全穀類、蔬菜及水果等食物，來健全腸道功能、預防便秘、預防體重上升快速，對幼兒來說仍然是必要的。

四、脂肪

脂肪每公克提供 9,000 大卡的熱量，是體內高密度的熱量來源，除此之外食物中的脂肪提供了幼兒生長發育所需要的必需脂肪酸及脂溶性維生素；由於脂肪在胃中停留的時間較蛋白質與醣類為長，因此脂質的攝取也使幼兒有飽足的感覺。

嬰幼兒時期體內若缺乏亞麻油酸及次亞麻油酸，則容易出現生長遲滯、皮膚病變及頭髮脫落等現象。而這些必需脂肪酸主要存在於植物性油脂中，一般飲食正常的兒童，可以從穀類、蔬菜及豆類中獲得豐富的必需脂肪酸，但是對於脂質吸收不良的幼兒及早產兒則需注意此類脂肪酸的補充。

目前一般國人的飲食中，脂質約占每日總熱量的 31%，過高的脂質攝取導致肥胖、糖尿病、心血管疾病的發生率日益增加，行政院衛生署也多次強調為避免這些疾病的發生，國人脂質的攝取應占每日總熱量的 25% 至 30% 為宜。這裡需要強調的是，以上的建議並不適用於嬰幼兒這一階段，尤其是嬰兒及學步期的幼兒。 主要的原因在於人類腦部的發育在 3 歲前即大致完成，而人類的大腦約有 60% 為脂質。因此對此階段的嬰幼兒來說，以充分脂質的供應來維持腦部正常發育是有必要的。通常牛奶及嬰幼兒配方的奶粉中，脂質供給週歲前的嬰兒 40% 至50% 的熱量，因此飲食正常的嬰兒在脂質的攝取通常較不虞匱乏。學齡前的幼兒脂質的攝取不宜過低，但可以降低動物性油脂的攝取而增加植物性油脂的方式，來預防成年後心血管疾病的發生。對總脂肪的攝取，一般建議以占總熱量的 30%至 40%，但以不超過 50%為宜，6 歲以後之兒童脂質的攝取，才宜逐漸降低至約占每日總熱量的 30%。

五、維生素

　　維生素是體內進行各種新陳代謝時不可缺少的物質，不同的維生素各有其特殊的功能，在各個年齡階段都有不同的需要量。一般對幼兒期的維生素與礦物質的攝取或需要量的研究較其他年齡來的少，因此在建議攝取量上一般是使用嬰兒及成人的建議量，利用內插法，並加上安全係數加以估計而得。

　　若將國人維生素的建議攝取量，與林佳蓉等人所做之台灣地區 1 至 6 歲幼兒營養狀況調查中，針對幼兒實際飲食狀況做一比較（如表 6-2 所示），可發現此年齡層的幼兒在維生素 A、維生素 B_1、B_2 都有攝取不足的情形，雖然實際攝取量未達到建議攝取量，並不一定會有缺乏症狀的發生，但是家長及幼兒保育人員，仍應留意這些維生素攝取不足的警訊，在幼兒餐飲設計及教育時，增加並鼓勵幼兒攝取維生素 A、維生素 B_1、B_2 含量豐富之食物。

　　維生素 A 主要的功能是維持人體正常的視覺功能，提供生長發育及組織分化所需。幼兒若嚴重缺乏維生素 A，易導致乾眼病，甚至造成視力嚴重傷害，並可能使免疫力降低，容易感染疾病。維生素 A 及其先質 β-胡蘿蔔素含量豐富的食物在台灣地區可供選擇的食物非常豐富，如內臟、甘藷、木瓜、胡蘿蔔等。

　　根據林佳蓉等人的調查，台灣地區每日維生素 B2 的攝取量，隨年齡的增加而有逐漸下降的趨勢，1 至 3 歲幼兒維生素 B2 的攝取仍達 DRIs 的標準，4 至 6 歲的幼兒攝取量則明顯低於 DRIs，由於牛奶是幼兒維生素 B2 主要的來源，因此推測幼兒維生素 B2 減少的原因在於斷奶後，奶類的攝取量明顯減少所致。食物中除奶類外，肉類、內臟、蛋及豆類皆含有豐富的維生素 B2，可鼓勵幼兒多攝取。

表 6-2　台灣地區各年齡層幼兒之維生素與礦物質攝取量

年齡	1		2		3		4		5		6	
性別	男	女	男	女	男	女	男	女	男	女	男	女
維生素 A(IU)	1,699	1,610	1,714	2,015	1,805	1,921	2,140	2,132	3,514	2,067	2,240	2,134
維生素 B_1(mg)	0.6	0.6	0.6	0.6	0.6	0.5	0.6	0.6	0.7	0.5	0.7	0.5
維生素 B_2(mg)	1.2	1.1	0.9	0.9	0.8	0.8	0.7	0.6	0.6	0.5	0.5	0.5
菸鹼酸(mg)	4.0	5.5	5.3	4.7	5.0	4.9	6.0	6.9	7.7	6.4	6.1	7.6
維生素 C(mg)	49.6	45.7	49.1	50.1	50.0	53.8	49.0	50.3	51.2	50.7	46.0	47.2
鈣（mg）	866	811	643	636	570	476	441	395	344	316	262	313
磷（mg）	837	832	744	720	739	625	680	643	637	587	580	557
鐵（mg）	6.3	6.0	7.6	6.3	8.3	11.0	8.9	8.2	10.4	12.5	9.2	8.5

資料來源：林佳蓉等，台灣地區 1～6 歲幼兒營養狀況調查，中華營養雜誌，22，47-61。

六、礦物質

　　由最近一次的幼兒營養狀況調查顯示，台灣地區幼兒對礦物質的攝取以鈣及鐵的缺乏較為普遍，而礦物質中與幼兒生長最密切的就是鈣質與鐵質。如何能讓我們的幼童在飲食中獲得足夠的鐵及鈣的供應，是目前幼兒營養專家及保育人員非常重要的工作。

　　由檢測嬰幼兒的血液生化資料發現，國內 6 個月至 3 歲的嬰幼兒缺鐵的比例接近 30%，而其中有 1/3 是缺鐵性貧血（邱世欣等，1990），由於此階段的嬰幼兒成長速率快，血液體積快速增加，因此身體內的儲鐵量快速減少；而此時幼兒正是由液態食物轉變為斷乳飲食的階段，食物攝取的種類較少，攝取量又不大，因此很容易造成幼兒體內鐵質的缺乏。

　　幼兒鐵質的缺乏並不必然會有貧血的徵狀產生，然而目前已有許多研究發現，鐵質缺乏不僅會導致嬰幼兒生長遲滯，對疾病的抵抗力也會有降低的情形發生，同時也影響幼兒在體能及智力上的發展。目前對幼兒鐵質的建議攝取量，1 至 6 歲均為每天 10 毫克。一般鐵質的來源，以動物性食品，如肉類、魚及內臟等含量較為豐富而且人體也較容易吸收。嬰幼兒配方奶粉及穀類副食品一般都經過加鐵強化，也是嬰幼兒鐵質豐富的來源。常見含鐵量較豐富的食物如表 6-3。

表 6-3　常見食物中鐵質的含量

食物名稱	份量	含鐵量（mg）
鐵質強化奶粉	240c.c.	3.0
嬰兒米（麥）粉	1 湯匙（乾）	1.8
牛肉	1 兩	1
豬肉	1 兩	0.5
雞肉	1 兩	0.3
蛋	1 個	1
豬肝	1 兩	2.5
胡蘿蔔	1/4 杯	0.2
柳丁	1 個	0.6

　　為了確保幼兒體內有足夠的鈣質供應骨骼成長，除了應攝取鈣質含量豐富的食物外，另外影響鈣質吸收的因素也同樣重要。飲食中維生素 D 與乳糖可以促進腸道中鈣質的吸收，而食物中的草酸、植酸與磷若攝取過多，則容易抑制鈣質的吸收。一般而言，6 個月大的嬰兒其飲食中鈣磷比以 1：1.5 最適合鈣質的吸收，而成人目前普遍認為鈣磷的比率在 1：1 最為適當；由於缺乏幼兒時期方面的研究，但飲食中鈣與磷之比率在 1：1 至 1：1.5 之間應是合理的範圍，由前幾次的全國性的營養調查均發現國人飲食中磷的攝取偏高，3 至 6 歲幼兒鈣磷比約僅為 0.5 至 0.8，因此對於增加飲食中鈣質的攝取對目前國內學齡前的幼童而言，極為重要。

如同大家所熟知的，鈣質主要的來源為奶類。幼兒鈣質的攝取由 1 歲開始便逐漸下降，其原因主要即是因為國內幼兒奶類的攝取逐漸減少所致，4 至 6 歲的幼兒，鈣質攝取量都較每日建議量 600 毫克為低。表 6-4 中列出了一些常見食物中的鈣質含量，其中蔬菜及水果中因同時含有大量的植酸與草酸，極容易與鈣質結合，而使得蔬果中鈣質的吸收率大為降低，因此我們可以看出鈣質的主要來源還是乳製品。鼓勵幼兒每天攝取 2 杯的牛奶，可以確保充分鈣質的供應。事實上乳製品不僅只有牛奶，父母及保育人員可將起司及乳酪等含鈣豐富的乳製品加入幼兒的飲食及點心設計中，同樣的可供應幼兒豐富的鈣質。

表 6-4　常見食物中鈣質的含量

食物名稱	份量	鈣含量（mg）
牛奶	100ml	120
人奶	100ml	30
冰淇淋	120ml（1/2 杯）	97
起司	30g	240
乳酪	120ml（1/2 杯）	147
肉類	100g	8 至 13
菠菜	100g	93
高麗菜	100g	50
飲用水	100ml	5 至 15

資料來源：行政院衛生署。

第**7**章

幼兒常見之營養問題

 第一節　肥胖（Obesity）

　　近年來，國內由於社會經濟狀況日益繁榮、富裕，對於食物的取得容易，飲食型態也日益西化，根據 1996 至 1997 年間調查國內 0 至 6 歲 10,564 位幼兒的體位狀況，與 1982 年資料相比較的結果發現，1 歲以後幼兒的體重明顯較 1982 年時增加。幼兒 2 歲時體重約較 1982 年時的同齡兒童重 0.5 公斤，3 歲時約重 1 公斤，4 歲時約重 1.5 公斤，至六歲時則約重 2.5 公斤。這項調查發現國內嬰幼兒的生長曲線已趨近於美國之幼兒生長曲線，並高於日本。顯示國內嬰幼兒的生長狀況，已達已開發國家之

水準。而同時，台灣地區兒童肥胖的盛行率由 10 年前的 2.4%至 4.4%上升至 20%至 25%，增加的趨勢明顯，也引起各界關心。由於肥胖本身為心血管疾病、糖尿病、肝膽疾病，甚至為造成意外事故的危險因子，同時肥胖兒童在心理上也常表現出擔心他人負面評價、缺乏自信心、有自卑感的性格傾向。因此體重控制、預防幼兒肥胖，已成為國內公共衛生及幼兒保育上的重要工作。

一、定義

肥胖是指身體內堆積了過多的脂肪；某些兒童可能因為受遺傳因素影響使得其生長速度、骨架或肌肉量較其他同年齡兒童來的快且大，而出現體重過重的現象，而非由於脂肪堆積所造成，則不能視為肥胖。但是由於全身脂肪量的測定較為困難，需在實驗室使用精密的儀器測量，因此測量體重與身高間的關係，以及測量皮下脂肪厚度仍是在篩檢肥胖上常用的方法。目前國內幼兒常用的肥胖指標如下：

1. 重高指數大於 1.2。

2. BMI 值大於 90 百分位，或是 BMI 值＞ 17（3 至 6 歲幼兒）。

3. 三頭肌皮脂厚度＞ 90 百分位，見表 7-1。

須特別注意的是以上的各種肥胖指標，都是目前相對性的肥胖指標，而這些目前所使用的標準則會隨著日後整個群體體型的改變而改變，因此在做群體的肥胖篩檢時，營養或是公共衛生研究者，也可根據篩檢計畫的目的與實際需要訂出合理的肥胖臨界值（Cut off point）。

表 7-1　台灣地區幼兒三頭肌皮層厚度百分位

各年齡層三頭肌皮脂厚度百分位值							
年齡	3%	10%	25%	50%	75%	90%	97%
男童 3	6.0	7.0	7.9	9.2	11.5	14.4	17.3
4	5.6	6.6	7.8	9.7	11.8	14.9	18.2
5	5.5	6.6	8.0	10.0	12.5	15.0	18.3
6	5.5	6.6	8.0	10.3	13.1	15.8	19.8
女童 3	6.4	7.5	8.5	10.5	13.0	14.9	17.7
4	5.7	6.8	8.0	10.1	13.0	15.4	18.2
5	6.1	6.9	8.4	10.6	12.8	15.3	17.4
6	6.3	7.2	8.9	10.5	133.4	16.4	20.6

註：1986 至 1988 年台灣地區。
資料來源：黃伯超等（1992）。

二、肥胖的原因

幼兒身體對熱能的需求，以能滿足身體正常的生長、生理需求及日常活動的支出為原則；若飲食中熱量的攝取超過了上述每日熱能的需求，則稱之為熱能正平衡，這些多餘的熱量不論其食物的來源為醣類、脂肪或是蛋白質，均會轉變為脂肪堆積於身體的脂肪組織中，而造成肥胖。由於 1 公斤的體脂肪約含熱量 7,700 大卡，如果每天熱量攝取超過 200 大卡，則一個月後相當於增加近 1 公斤的體重。造成人體內熱能正平衡的原因很多，主要包括如下。

(一)遺傳

在流行病學上根據雙胞胎或養子女的生長和肥胖程度所做的研究顯示，遺傳與個體的肥胖有密切的關係。若父母親均肥胖，則其子女肥胖的機率為 80%，若父母中有一人肥胖，則子女中有 40%為肥胖，而父母親的體重均為正常，則其子女成為肥胖的機率僅約 10%。而在人體中控制肥胖的基因為何，機制是什麼，目前仍不了解，有待更進一步的研究來探討。

(二)心理因素

某些人在憂傷、孤獨、壓力等負向的情緒反應發生時，常以過度攝食來緩和或減少心理上不愉快的情緒，以求得暫時的滿足，久而久之造成肥胖。

(三)內分泌功能失常

如甲狀腺素分泌過低，或是腦下腺分泌過低，使得人體的基礎代謝減少而導致肥胖。

㈣環境因素

　　由於社會生活型態急速改變，隨著日益增多的自動化機械與器具的發明，使一般人在生活中熱量的消耗減少。再者，人群往都市裡集中發展，居住空間狹小，加之社會治安問題嚴重、交通紊亂，使得幼兒們活動空間與時間受到很大限制；活動型態也由一、二十年前的戶外嬉戲轉變為在家中閱讀、看電視、打電腦等靜態活動，體能熱量消耗減少。再加上由於家庭所得增加，食物取得容易，幼兒吃零食的量與頻率增加，導致熱量攝取過多，而使得肥胖問題日趨嚴重。

㈤不當的飲食行為

　　學齡前期的幼兒，其對飲食的態度與行為，足以影響未來成年後之飲食習慣。許多調查顯示，由於家長本身不當的飲食行為，或疏於注意幼兒飲食習慣的發展，導致幼兒熱量的攝取有過多的趨勢。從幼兒的飲食行為分析來看，不當的飲食行為常見的有：

1. 食物的攝取不均衡（偏食）

　　愛食肉類、油炸類食物，而排斥蔬菜及五穀類主食的攝取。

2. 攝取過多的甜食與飲料

　　喜愛甜食是幼兒的天性，但父母親若不加以節制，則高量的甜食與飲料易影響正餐的食慾，使得正餐的攝取量減少。由於甜食與甜的飲料主要供應醣類，而其它營養素的含量少甚至不含，長期食用易導致肥胖及營養不良的危險。

3.喜好電視廣告的食品

由於電視廣告食品的強加促銷手法，使得電視廣告比電視節目更能影響幼兒對食品的態度。在兒童節目的廣告中，據統計約有一半的廣告是關於食物的，而其中糖果、油炸類零食及速食食品均是電視廣告中出現頻率最高的，這些食品大都含有很高的糖分或油脂。

4.崇尚西式速食

西式速食產品，如炸雞、薯條，目前已成為許多幼兒心中所「嚮往」的食物，而分析速食餐飲所供應的食物成分，往往提供了過量的熱量、油脂與食鹽；相對的速食產品中膳食纖維、維生素A、C及鈣的含量卻很低，攝取的頻率很高則自然將造成日後健康上的問題。

5.外食的機會增多

由於家庭結構改變，成員減少，父母皆有工作的比例增加，因此父母親常以太忙及怕麻煩、方便為由，而增加目前一般家庭外食的比例。一般而言，外食餐飲的油脂、蛋白質及鈉的含量均偏高，長久下來即容易因攝取過多的熱量而造成肥胖及健康問題。

三、幼年肥胖對身心的影響

根據不同的研究顯示，約有 40%至 75%的肥胖兒童在進入青少年甚至於成人期仍舊是肥胖的，而正如大家所熟知的，肥胖對成人來說是罹患糖尿病、高血壓、心血管疾病、膽囊疾病及痛風、關節炎等疾病的危險因子。除此之外，也有許多報導指出，幼年時期肥胖，其減肥成功的困難度遠較成年後才肥胖的人要高得多。此外，根據對 2 歲前幼兒所做的統計：與體重正常的兒童相較，肥胖的幼兒罹患呼吸道方面疾病的頻率較高，且持續的天數也較久，顯示體重過重的幼兒對疾病的抵抗力較低。因此在童年時期體重過重乃至於肥胖，對個人日後身體健康的影響，實在較成年時的肥胖要來得嚴重。

除了對身體健康的影響之外，幼年期的肥胖對幼兒心理也有許多不良的影響，例如肥胖的兒童常會被父母或是其它同齡兒童嘲諷而自覺受到傷害，反而以吃更多的食物來尋求心理的慰藉。肥胖兒童也會因身體形象不受大家的認同，而產生自卑及缺乏自信心的人格特質。這些兒童在進入青少年期之後，更會因對自我形象的否定而較其它同齡的青少年不快樂，且容易產生與社會疏離的現象。

四、幼兒期的體重控制

對於幼兒時期體重的控制與成年人對肥胖的治療在方法上

有相當大的不同，其主要的原因在於：

1. 幼兒是一個尚在成長的個體，因此對於營養素及熱量的需求也隨著年齡的增長而增加；因此在飲食的設計上，不可以減輕體重做唯一的考量，而必須滿足幼兒在生長上需求爲主。所以除了特別嚴重的肥胖（體重超過理想體重的180%），否則幼兒體重的控制應著重於體重的維持而非減重，因爲隨著身高的逐漸增加，而體重維持不變或緩慢增加，相對而言肥胖的程度即逐漸降低。

2. 幼兒的體重控制，父母親的參與是絕對必要的。幼兒是生活在父母親所爲他準備的環境中，幼兒本身無法改變他的飲食及活動型態，必須藉由父母親的協助才能達成。幼兒期的肥胖往往並非個人問題，而是整個家庭的問題，因此父母親須與幼兒共同參與改變不良的飲食行爲與生活習慣。

3. 對於幼兒的體重控制計畫應該是長期的，以避免減輕的體重再度回復。長期的體重控制計畫，一方面可避免幼兒因體重的快速減輕，而可能造成幼兒有營養不良或是生長遲滯的情形發生；另一方面則是可以協助幼兒重新建立良好的飲食行爲與習慣。

對於大部分因飲食不當而造成肥胖的幼兒而言，減少熱量的攝取與增加熱能支出是體重控制的不二法門，而一個好的體重控制計畫則應當涵括飲食管理、運動及行爲修飾三個部分。

㈠飲食管理（Dietary management）

對於幼兒而言，一個成功的體重控制計畫不在於在短期內能減輕多少體重，而是在長期能使體重維持在一個正常而穩定的狀態，因此改變幼兒不良的飲食習慣是在飲食管理上最重要的工作。由於幼兒的飲食供給主要來自於家庭，因此除非父母親能體認到整個家庭的飲食型態需要改變，否則要達到體重控制的目的就非常困難。避免攝取過多的熱量，在良好飲食習慣的養成上應包括下列各點：

*1.*均衡的攝取各類食物，不偏食。

*2.*減少零食的給予，尤其是太甜或油炸的食物，如薯條、洋芋片、糖果、巧克力、汽水和可樂等。

*3.*移除可見的脂肪，如去除雞、鴨皮、肥肉等。

*4.*增加蔬菜、水果等體積大、熱量少的食物攝取。

*5.*口味不要太重，避免使用過量的調味料。

*6.*以清蒸或水煮代替油煎或油炸的烹調方式。

7.進食應細嚼慢嚥，速度不可太快。

8.不邊吃邊玩或邊看電視。

除非特別嚴重的肥胖，否則不建議以低熱量的飲食來作為幼兒體重控制的方法，否則極易造成幼兒有營養不良或生長遲滯的情形發生。對於肥胖幼兒熱量的需求可約略用每公斤理想體重以 60 大卡來估計，舉例而言，一位 5 足歲理想體重約為 16公斤的幼兒，其每日熱量需求至少為 960 大卡，方能滿足其一天熱量需求。

㈡運動（Exercise）

由於機械化、自動化的現代社會，使得幼兒可從事活動之機會和空間逐漸減少，活動方式也轉趨靜態。因此對於一個體重已經過重的幼兒而言，引導其從事一些戶外的遊戲及運動來增加其熱量的支出是體重控制中不可缺少之要件。對於運動的選擇宜以低強度、高持續時間的有氧運動為佳，如此較能消耗能量，並可保持在活動時的舒暢感。此外，要能有效的控制體重，養成規律的（每天）運動習慣是相當重要的，因此運動宜選擇以方便、生活化的形式最佳。日常運動可由不搭電梯走樓梯，以及走路上學開始。而全家一起進行的戶外活動，則可增加幼兒對運動的興趣以便於習慣養成，長期下來就會自然的增加身體熱能的支出。

㈢行為修飾（Behavior modification）

藉由飲食控制與運動，可使肥胖的幼兒體重逐漸正常或不再惡化，不過要維持這種成果，則行為的修飾與改變是最有效的方法。行為修飾在幼兒體重管理上的應用，主要在於加強體重控制的動機及改變不良的飲食行為，建立新的飲食行為技巧。例如以獎賞、鼓勵來增強幼兒對體重控制動機、將零食放於不易取得的地方、養成在固定場所進食等，都是在減少幼兒因心理上飢餓而進食的行為修飾。

第二節 齲齒（Dental Caries）

齲齒即一般所謂的蛀牙，是嬰幼兒時期最為常見的疾病之一，據估計約有七成的幼兒在 5 歲前即有齲齒的發生，而至 8 歲時則約有 97% 以上的幼兒至少有 1 顆以上的蛀牙。在台灣地區，根據行政院衛生署的統計情況更差，以 2004 年來說，12 歲的兒童齲齒盛行率為 69.3%，每人平均有 2.7 顆齲齒。幼兒時期如果有齲齒，不僅會影響幼兒的消化、營養、語言、學習、面容及頜骨的發育，還會影響日後恆齒的正常萌發；而因蛀牙造成幼兒的疼痛及影響其進食，也常困擾父母親及幼兒保育人員。因此預防齲齒的發生，對於學齡前幼兒而言是相當重要的工作。

一、造成齲齒的原因

鈣與磷為構成牙齒的主要成分，而人類的乳齒在胚胎期即逐漸形成，約在出生後 6 個月開始萌發，因此懷孕期母親體內的鈣質供應不足或是維生素 D 的缺乏，均易造成牙齒的鈣化不全。此外，蛋白質及維生素 C 是牙齒硬組織的形成所必需，因此在母親懷孕期及幼兒期時，上述營養素的缺乏使得先天牙齒結構不健全，可說是造成幼兒齲齒的遠因。

而造成齲齒產生的直接原因，則是由於存在於口腔中的細菌，將食物中的醣類（特別是甜食）分解產生有機酸所造成。正常口腔中唾液的 pH 值約為 6.5 至 7，進食後口腔中的細菌將醣類分解為有機酸使得pH值開始下降，若酸性物質產生過多使得 pH 值降到 5.5 以下，使琺瑯質脫鈣，則會導致齲齒發生。幼兒進食醣類食物的次數愈多，則口腔中 pH 達到 5.5 以下的次數愈多，牙齒遭酸侵蝕的次數增多，而使得蛀牙形成。攝取過多醣類，特別是甜食，是造成齲齒的主要原因，而其中蔗糖則是最易導致齲齒的食物。相較其他醣類而言，澱粉類食物則較不易造成蛀牙，然而值得注意的是，若不注意口腔的清潔衛生，則進食後附著於牙齒表面的澱粉分子會因唾液中的澱粉酶作用進一步的分解為簡單醣類，而促進了口腔中的細菌，產生有機酸導致蛀牙。

在台灣地區，由於以母乳哺餵嬰兒之比率一直無法提升，也導致幼兒奶瓶性齲齒發生的比率偏高。奶瓶性齲齒最典型的型態發生在於上顎前門牙，其主要的原因在於以奶瓶餵食的嬰幼兒每次餵食時間過長或抱著奶瓶睡覺，此時口腔中的食物及含於口中的奶嘴仍殘留有許多蔗糖、乳糖等致齲性因子；因長時間的睡眠，導致作為緩衝溶液的唾液分泌大為減少，下降自淨作用，由於細菌作用而使得口腔內的pH值降低，使得在數小時的睡眠時間裡，口腔中的酸性有充分的時間侵蝕幼兒牙齒，而造成奶瓶性齲齒的發生。

二、齲齒的預防

對於幼兒牙齒的保健需從增強牙齒的抗齲能力、適當的食物選擇及加強嬰幼兒的口腔衛生三方面著手，才能有效的防止幼兒齲齒的發生。

㈠增強牙齒的抗齲能力

胚胎時期的營養失調會直接影響到牙齒正常的發育，因此懷孕期母親充分的營養供給是奠定嬰幼兒牙齒有良好抗齲能力的基礎。懷孕期充分的蛋白質以及維生素A、C、D及鈣與磷的供給，可使幼兒乳牙組織結構發育良好，牙齒鈣化程度高而不易被酸腐蝕。在乳牙萌出後除上述的營養素外，另需注意食物中氟的供給必須充足，可加強牙齒的抗齲能力。幼兒應多攝取含氟量高的海產類食物，如魚、蝦、海帶、紫菜等；此外使用含氟牙膏清潔口腔亦是增加牙齒抗齲能力的良好方法。

㈡適當的食物選擇

一般來說，黏滯性高、含糖及精製的糕餅類，是容易造成蛀牙的食物。此外研究也發現，攝取此類致齲性食物，攝取的頻率比攝取該類食物的量有更密切的關係；也就是說，每天攝取黏滯性高、含糖的食物次數愈多，則得到蛀牙的機會也就愈高。由於幼兒的胃容量較小又正值活動力旺盛的時期，熱量需求較高，並不適合減少用餐次數；所以父母在為孩子安排食物，尤其是餐外點心時，應仔細避免選擇表7-2所列的致齲性食物。
此外，父母或長輩勿以糖果、甜食作為兒童表現的獎勵，餐間
的點心也應以蔬果類食物代替糕餅等甜食，以及多喝白開水來
代替汽水、可樂等含糖飲料，以避免增加幼兒齲齒發生的機率。

表7-2　致齲食品對照表

	糖果類	糕餅類	飲料類	水果類	塗抹類
易致齲食品	巧克力 口香糖 硬水果糖 棒棒糖 花生酥 太妃糖等	冰淇淋 甜甜圈 蘋果派 蛋糕 含糖餅乾等	巧克力牛奶 可可 汽水 可樂 加糖果汁等	葡萄乾 水果罐頭等	果醬 蜂蜜 花生醬等
建議取代食品	爆米花、蘇打餅乾、低糖飲料、無糖口香糖、花生、核桃、葵瓜子、饅頭、包子、酪餅等			未經加工之生鮮蔬果	雞肉塊 肉鬆 魚鬆 魷魚絲

資料來源：行政院衛生署。

(三)加強嬰幼兒的口腔衛生

對於幼兒時期的口腔衛生應注意：

・1歲半以前之幼兒，每次進食完畢，應以紗布或棉花棒

沾濕擦拭牙面污穢。

　　‧1 歲半至 3 歲時，每進食完畢，由父母負潔牙之責。為減少蛀牙機會，應避免糖分高、黏性強的甜食，及含著奶瓶睡覺的習慣。

　　‧將容易造成蛀牙的食物儘量限制在三餐前後吃，並鼓勵餐後刷牙及刷牙後不再進食的口腔衛生習慣。

　　‧孩童在家長的協助下使用含氟牙膏，可以有效地減少孩子的齲齒機會。

　　‧幫孩子使用牙線潔牙。

第三節　腹瀉（Diarrhea）

　　腹瀉指的是排便的次數增多，糞便中水分大量增加，且大便的顏色、味道及形狀改變。腹瀉是嬰幼兒時期最常見的疾病，到目前為止仍然是開發中國家幼童死亡的主要原因。根據世界衛生組織的估計，全世界每年約有 300 至 500 萬的幼兒死於腹瀉，即使在已開發的國家如美國，在過去的 10 年中，每年仍約有 500 名 4 歲以下的幼兒因腹瀉而導致死亡，其中約有八成的患者小於 1 歲。腹瀉會導致如此嚴重結果的主要原因，是由於幼兒體內持續的大量喪失水分及電解質，造成嬰幼兒體內嚴重的脫水及電解值失去平衡所致。事實上，家長及嬰幼兒的照護者若在孩童腹瀉初期，即適當的補充幼兒流失的水分及電解質，即可防止腹瀉病情進一步的惡化。

一、腹瀉的病因與症狀

造成腹瀉的原因很多，如腸病毒或是流行感冒病毒、食物不潔受到細菌污染，都會造成腹瀉；此外，飲食過量、牛奶濃度太濃、消化不良及食物過敏甚至情緒反應（如嬰兒受到驚嚇），也都會造成不同程度的腹瀉。依持續時間的長短，腹瀉可分為急性及慢性腹瀉兩種：急性腹瀉的特徵為突然發作、排便次數頻繁且成水液狀、腹部疼痛、痙攣，患者虛弱有時並伴隨著發燒及嘔吐等症狀，持續約 24 至 48 個小時。在此階段體內電解質及水分大量流失，極易造成患者脫水及電解質失衡；慢性腹瀉的症狀及排便次數不若急性腹瀉如此的嚴重及頻繁，但是由於長期的腹瀉，腸胃的消化及吸收能力降低，體內被吸收的營養素不足以供應人體正常的生理需求，長期下來易導致嚴重的營養不良。

二、對嬰幼兒腹瀉時的處理原則

由於造成腹瀉的原因很多，因此及早就醫針對致病的原因加以治療，是父母親對於家中幼兒有腹瀉情形時需有的認知。特別是若幼兒排便的次數一天高達七、八次，糞便中有血絲，黏液或伴隨有嘔吐、發燒等症狀，則更應立即請醫師診療。在急性腹瀉初期，嬰幼兒因水瀉、嘔吐、食慾欠佳等症狀而會有精神欠佳、活動力降低、皮膚黏膜乾燥等輕度脫水的現象；此時家長正確的處理方式應立即補充「口服葡萄糖電解質液」來避免幼兒喪失過多的水分。若發現嬰幼兒出現眼眶凹陷、排尿量減少、哭的時候沒有眼淚、異常疲倦、躁動不安或是呼吸急促（酸中毒），則表示已達重度脫水程度，應儘速就醫做靜脈輸液的積極性治療。所謂的「口服葡萄糖電解質液」在目前一般的藥局及小兒科均備有，其成分主要為百分之二至五的葡萄糖，鈉離子濃度約為 30 至 60 mEq/L、鉀離子 20 mEq/L，此濃度之溶液可促進小腸對鈉離子的吸收，及避免高滲透壓造成更嚴重的腹瀉。僅補充水分是不恰當的，因為其中並不含有任何電解質及營養素。此外，許多家長在幼兒腹瀉時給予市售的運動飲料來補充幼兒流失的水分及電解質，這也是不正確的作法；成人的運動飲料在產品設計時就並非是治療性的飲料，其中含糖的成分過高，會增加腸道滲透壓的負擔，易導致更嚴重的腹瀉；而鈉的含量又太低，若使用於腹瀉的嬰幼兒，則可能會造成低血鈉的電解質不平衡。

　　除了及早補充水分及電解質外，對於急性腹瀉的幼兒，由於此時腸道黏膜受損或是發炎，腸道內消化酵素分泌不足，此時並不適合給予一般的牛奶或是一般普通飲食，以避免更進一步傷害腸胃道。初期僅給予患者清淡之米湯、稀飯至症狀緩和後，則進一步給予稀釋之牛奶以補充營養，但仍應避免給予含脂肪量高及刺激性之飲食，直到症狀消失後再逐步回復至嬰幼兒的正常飲食。

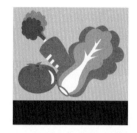

幼兒餐飲設計原則與方法

第8章

食物選購

製作餐食時，若要有好的成品，便應使用好品質的材料；材料品質好，再經過適當的烹調，才會有好品質的成品。現依序將各類食物的選購要訣，其各種食品的標準分述於下。

第一節　各類食物選購

現將肉類（家畜、家禽）、海鮮類（魚類、貝殼類、頭足類）、豆類、蛋類、奶類、蔬菜類、水果類、五穀根莖類、油脂類依序介紹如下。

一、肉類

肉類包括家畜與家禽類，依國人的飲食習性，在家畜方面，國人的消費以豬肉爲大宗，牛肉次之，吃羊肉的人較少；在家禽方面，以雞肉消費量最大，鴨肉、鵝肉次之。

(一)家畜的選購

豬肉、牛肉、羊肉的選購，國人偏好到傳統市場購買溫體肉，其實管理良好的超市所販賣的冷藏與冷凍肉之品質應有良好的控制。

若要購買溫體肉，採買時間相當重要，由於豬隻屠宰大多在晚上 7、8 點進行，早上才送到市場，所以買溫體肉最好在每天上午 12 點前，購買時不僅看肉的品質，亦要注意肉商的衛生安全條件，如砧板、刀具、抹布、絞肉機、切肉機的清理狀況，是否有冷藏、冷凍設備。

肉的色澤方面，豬肉較牛肉、羊肉色淡，一般豬肉瘦肉爲淡紅色，羊肉、牛肉爲桃紅色，應具有光澤；肥肉部分豬肉、羊肉常爲白色，牛肉如爲黃牛則爲黃色。瘦肉中肥肉成大理石狀態，分布品質較佳，肉質應具光澤沒有粘液。

購買冷藏肉時，應先檢查冷藏櫃的溫度是否在攝氏 0 至 7 度，肉色與新鮮肉品質相似，色澤稍淡，大多冷藏肉已分切好放在良好溫度的冷藏庫中存放，常會因冷藏庫的溫差使得肉汁流出來，因此超級市場會在切割好的肉品墊上吸汁液的紙，如果沒放吸汁液的紙，汁液外溢，不僅影響吃的口感，消費者大多不會買。

購買冷凍肉時應看冷凍櫃的溫度是否在攝氏零下 18 度以下，肉堅硬如石，不能有泛白乾燥或結霜的現象，冷凍食品如果腐敗較不容易被察覺，當解凍或烹調後肉質鬆散，有粘液、臭味或油耗味則不宜食用。

內臟常因微生物含量較高，較易腐敗，最好買新鮮的材料，表面有光澤沒有臭味、粘液，在 3 天內儘快使用。內臟含的膽固醇量相當高，在幼兒的飲食內最好少用，以免長大後容易喜歡吃內臟而導致體內血液中膽固醇含量太高。

(二)家禽類

美國雞肉協會在世界各地所做世界雞肉消費型態的研究顯示，從 1960 年至今世界各國之消費，由整隻的消費減量而改變為分切或加工後的消費，在台灣市場之消費指引，以白肉雞及土雞之占有率較高，約各占 40%、45%，蛋雞占 8%，白蘆花雞（種雞）占 2.5%，其飼養期、活雞體重、烹調方式如下：

1.肉雞大約飼養 1 個半月至 2 個月，活雞重約 3 至 3 斤半，由於肉雞油脂含量較高，適合以乾熱方法與濕熱方式烹調，如烤、炸、煮、紅燒。

2.仿土雞及土雞大約飼養 3 至 4 個月，活雞重約 2 斤半到 3 斤半，肉質結實肥肉較少，適合濕熱方法烹調，如燉、煮，不宜烤、炸。

3.蛋雞大約飼養 1 年至 1 年半，活雞重 1 斤半至 2 斤，適合生蛋，當蛋雞不能生蛋時，常被餐廳拿去熬高湯用。

　　4.種雞一般以白蘆花雞爲主，飼養1年至1年4個月，活雞重4至5斤，適合乾熱法與濕熱法之烹煮。

　　在雞肉的選購方面，活的家禽眼睛要明亮，羽毛乾淨，有光澤，胸肉應肥厚有彈性，肛門無任何糞便或粘液沾粘。

　　全雞則有正常的肉色，組織結實沒有異味。台灣超市雞肉已分切成不同的部位，爲幼兒做烹調所選用的雞肉宜注意採買時冷藏庫與冷凍庫的溫度，貯存庫不能超過最大裝載線，否則會影響肉的品質。

二、海鮮類

　　海鮮類分爲魚類（海水魚與淡水魚）、貝殼類（貝類與甲殼類）、頭足類（烏賊、管魷、章魚），其各類的選購方式分述於下。

㈠魚類

　　包括海水魚與淡水魚，海水魚大多爲遠洋捕獲，現也有由養殖業養殖產生，淡水魚則以活的型態出現，淡水魚常具有海藻味，新鮮魚類的選購可由魚鰓、魚鱗、魚眼、魚腹、魚肉來做判斷，活魚常游於池中，大多很新鮮，撈起馬上烹煮風味均十分美味。在市場上販賣的魚新鮮的特徵爲魚鱗緊緊黏在魚肉上、魚鰓紅色、眼球飽滿有光澤、魚腹結實、魚肉與魚骨緊密結合。冷藏魚之判斷與新鮮魚相同，但注意存放溫度應在攝氏

0至7度。冷凍魚應堅硬如石，沒有解凍、結霜或乾燥現象，魚肉纖維短且細緻，用水煮或清蒸可給予幼兒良好的蛋白質。

(二)貝殼類

貝類因含肝醣，味道十分鮮美，現今養殖業發達，台灣產量相當多且價格便宜，適合幼兒食用。貝類應選購外殼密合，如果外殼已開口表示為死貝，烹煮後不能下嚥，烹煮前應先挑掉。甲殼類如螃蟹、蝟，應選四肢完整，用手稍壓時，其身體結實沒有臭味。中國人喜好吃卵黃，則選購母蟹為宜，母蟹在蟹背部臍的部位為圓形，最好能請販賣廠家打開看，其卵黃處應有黃色的蟹黃。

(三)頭足類

頭足類除了身體外，大多含有觸足，其身軀常因吃入小魚而呈現鼓起狀況，在採購時以新鮮為考慮因素，表面有光澤沒有粘液，沒有腐敗味道，組織結實，體軀最好不要鼓起；由於頭足類組織較粗大，煮後宜切小塊給幼兒食用。

三、豆腐及其加工品

黃豆為植物性食物中蛋白質品質很好的一項食品，它的加工品十分多，吃素者以它為主要蛋白質的來源。

豆腐為吃素的人最常食用的食品，新鮮的豆腐表面沒有粘液，沒有豆臭味。

油炸的豆製品最忌諱有豆味及油耗味。成品應具有油炸食品的香味，表面不能有粘液及發霉現象。

四、蛋類

新鮮蛋類外殼應乾淨沒有糞便污染，表面有表膜粗糙，沒有破裂現象，將蛋去外殼後放在平盤上，蛋黃應鼓起、蛋黃膜完整、蛋白濃稠狀，蛋液內不能有血絲、肉塊或其他雜質。

五、奶類

市售奶類及奶製品有不同的組成及外形，如液狀有鮮奶、全脂奶、低脂奶、脫脂奶、調味奶，粉狀則有各種奶粉、奶精，加工製品有優酪乳、乳酪等，奶類因含豐富的營養成分，其腐敗比率很高，因此液態的奶製品應看其貯存溫度（攝氏 0 至 7 度）及保存期限，超過保存期限大多會因腐敗產生惡臭味。

粉狀奶製品開罐後應速將封蓋緊密，因台灣天氣潮濕易有結塊現象，若有結塊現象沖泡後會有小顆粒懸浮，最好不要使用。

加工乳製品亦需注意不能有發霉，或超過使用期限的情形。近日發現奶粉及奶製品為了增加氮的含量，不肖大陸廠商加了三聚氰胺，導致小孩腎結石排尿不易，甚而有小孩死亡。因此在選用奶粉或奶製品時，應看商品標示產地、品牌、政府檢驗合法標示等。

六、蔬菜類

　　蔬菜類依食用部位可分為根、莖、葉、花、果實、種子，根部、莖部如蘿蔔、牛蒡以外形肥厚、結實為選購要訣，綠葉蔬菜則以葉片肥厚，有光澤，沒有白色粉狀物殘留為選購要點。

　　花菜類如花椰菜，常會有小蟲粘附於花朵背面，因此選購時應以有光澤沒蟲咬、沒腐爛現象為主。

　　瓜類則以果實飽滿，表皮沒斑點、沒蟲咬為主。台灣蔬菜由於生長於亞熱帶，因此常噴撒農藥，現今很多人採買有機蔬菜，若為有機產品常會有蟲咬的痕跡。

七、水果類

　　水果大多採生食，以採買季節性水果為佳，果皮完整沒有斑點、果實堅實，水分充足沒有腐爛、蟲咬現象為佳。台灣的水果十分豐碩，每月只買要吃的量，不宜大量採購回來貯放，因為其中的維生素易流失。

八、五穀根莖類

　　五穀根莖類，如米、甘藷、芋頭、馬鈴薯等食物，米應選購米粒完整，顆粒飽滿，沒有石頭、蟲卵等異物。

　　澱粉質的食物則應買外表完整，沒有長芽或腐爛現象。

九、油脂類

　　液體油應選擇標示清楚，包裝完整沒有破損，油質清澈無異物、異味。固體油應選擇油脂沒有異物及油耗味者，有品牌及使用期限之成品。

 第二節　食品標示

　　1994 年 1 月 11 日，《消費者保護法》正式公布施行，為使消費者權益不至於受損，防止業者提供不正確的資訊使消費者權益受損，在《消費者保護法》第 24 條規定，企業應依商品標示法做商品的標示。

　　在《食品衛生管理法》第 8 條對食品標示之定義為，標示於食品、食品添加物或食品用洗潔劑之容器、包裝或說明書上，用以記載品名或說明之文字、圖畫或記號。

一、食品標示內容

　　食品衛生法規之規定食品標示內容如下。

(一)品名

食品之品名可使用國家標準所定的名稱，若無國家標準者可自定之。

(二)內容物名稱、重量、容積或數量

內容物名稱可列出主要材料與附屬材料。

內容物中有固體與液體時，得標明內容物與固形物的重量。

(三)食品添加物

食品添加物應用衛生機構所用的添加物名稱，或將使用的數量寫出來。

(四)製造日期

應列明保存期限與保存條件。

(五)廠商名稱與住址

應列明廠商名稱、地址、電話。

現以肉鬆為例，在包裝上可見到下列內容：

品名：○○牌肉鬆

內容物：600 公克

製造年月日：可用 98、6、30 或 98 年 6 月 30 日或 2009、6、30

保存期限：應標明「98、11、30」或90天

保存條件：室溫陰涼處

主要原料：豬肉、澱粉

食品添加物：己二烯酸鉀、乙酸乙酯

一般食品成分：蛋白質32%以上，脂肪16%以下，水分
　　　　　　　　18%以下，灰分6%以下

製造廠：○○企業股份有限公司

電話：03-1234567

地址：○○市○○街○○號

㈥食品營養標示

2002年9月1日起，規定市售乳品及飲料需有下列營養標示：

　　1. 標示項目應用熱量、蛋白質、脂肪、碳水化合物、鈉之含量。

　　2. 標示基準：固體（半固體）須以每100公克成1公克之份量標示。

　　3. 熱量及營養標示食品之熱量以大卡表示，蛋白質、脂肪、醣以公克表示，鈉以毫克表示。

二、CAS 優良食品

CAS（Chinese Agricultural Standard）優良食品是由1989年起行政院農業委員會負責認證工作，主要為十大農產品，即肉品、冷凍食品、蔬果、良質米、蜜餞、米飯調製品、冷藏調理

食品、生鮮食用菇、釀造食品及點心類。

　　當食品的品質符合國家 CAS 標準，衛生條件良好，包裝完整，標示明確者均可獲得農委會頒發 CAS 標示，產品品質，衛生獲得認可，其號碼代表產品類別、工廠及產品的編號。

產品類別編號　工廠編號　產品編號

圖 8-1　CAS 標誌

三、GAP 吉園圃蔬果標章

　　此標章（Good Agricultural Practice, GAP）是由台灣省政府農林廳所發的，即農民能適時種植，有效防治蟲害並遵守安全採收期，採收的農產品經過安全檢驗符合衛生標準，此為代表優良農業操作者之產品。

四、GMP 標誌

　　此標誌是由經濟部食品 GMP（Good Manufacturing Practice）

小組來發證，由食品工業發展研究所來執行認證工作。工廠依
食品GMP之規定提出申請，經由執行單位現場評核合格後給予
認證，工廠需追蹤查驗2年。

　　採購食物最好能採買到有政府檢查管理標誌的產品，較可
確保食品品質，並符合衛生安全。

圖8-2　安全蔬果標誌

圖8-3　GMP標誌

第9章

食物代換表

　　人需靠食物維生，食物因不同品種、產地而有不同的營養素含量，如果想要算出每餐或每天的食物攝取量，若依不同品種、產地、種類來計算，勢必無法靠記憶來計算；因此美國營養學會就將食物分類，在每一類食物中以含相同主要營養素，列出不同食物中不同份量來作計量標準，作為設計餐食的參考。現依食物的分類、食物代換表及食物代換表的運用分述於下。

 ## 第一節　食物的分類

　　行政院衛生署在 1997 年將食物分為六大類：
　1.奶類：含蛋白質、脂肪、醣、維生素、礦物質。

2.肉、魚、豆、蛋類：含蛋白質、脂肪、維生素、礦物質。

3.蔬菜類：含少量蛋白質、醣、維生素、礦物質。

4.水果類：含醣、維生素、礦物質。

5.五穀根莖類：含蛋白質、醣、維生素、礦物質。

6.油脂類：含脂肪。

由於1公克蛋白質或1公克醣可產生4大卡熱量，1公克脂肪可產生9大卡熱量，因此可由食物所含蛋白質、脂肪、醣類的克數將食物所含的熱量算出來。

4大卡×蛋白質（克數）＋4大卡×醣（克數）＋9大卡×脂肪（公克）＝食物的熱量

 # 第二節　食物代換表

行政院衛生署（1997）將六大類食物每份所含的營養素及每種食物的份量列於表9-1，由表中可將每日所吃食物之份量與代換表所列的份量做比較，便可算出由食物攝取的熱量。

表 9-1　食物代換表

<table>
<tr><td rowspan="13">奶
類</td><td rowspan="5">全
脂</td><td colspan="3">早餐＿份、早點＿份、午餐＿份、午點＿份、晚餐＿份、晚點＿份</td></tr>
<tr><td colspan="3">每份含蛋白質 8 公克，脂肪 8 公克，醣類 12 公克，熱量 150 大卡</td></tr>
<tr><td>名　　稱</td><td>份　　量</td><td>計　　量</td></tr>
<tr><td>全　脂　奶</td><td>1　　　杯</td><td>240 毫升</td></tr>
<tr><td>全　脂　奶　粉
蒸　發　奶</td><td>4　湯　匙
1/2　　杯</td><td>35 公克
120 毫升</td></tr>
<tr><td rowspan="4">低
脂</td><td colspan="3">早餐＿份、早點＿份、午餐＿份、午點＿份、晚餐＿份、晚點＿份</td></tr>
<tr><td colspan="3">每份含蛋白質 8 公克，脂肪 4 公克，醣類 12 公克，熱量 120 大卡</td></tr>
<tr><td>名　　稱</td><td>份　　量</td><td>計　　量</td></tr>
<tr><td>低　脂　奶
低　脂　奶　粉</td><td>1　　　杯
3　湯　匙</td><td>240 毫升
25 公克</td></tr>
<tr><td rowspan="4">脫
脂</td><td colspan="3">早餐＿份、早點＿份、午餐＿份、午點＿份、晚餐＿份、晚點＿份</td></tr>
<tr><td colspan="3">每份含蛋白質 8 公克，醣類 12 公克，熱量 80 大卡</td></tr>
<tr><td>名　　稱</td><td>份　　量</td><td>計　　量</td></tr>
<tr><td>脫　脂　奶
脫　脂　奶　粉</td><td>1　　　杯
3　湯　匙</td><td>240 毫升
25 公克</td></tr>
</table>

早餐＿份、早點＿份、午餐＿份、午點＿份、晚餐＿份、晚點＿份

每份含蛋白質 2 公克，醣類 15 公克，熱量 70 大卡

<table>
<tr><th colspan="2">名稱</th><th>份量</th><th>可食重量（公克）</th><th>名稱</th><th>份量</th><th>可食重量（公克）</th></tr>
<tr><td rowspan="24">五穀根莖類</td><td>米、小米、糯米……等</td><td>1/10 杯</td><td>20</td><td>大麥、小麥、蕎麥、燕麥……等</td><td rowspan="3">3 湯匙</td><td>20</td></tr>
<tr><td>*西谷米（粉圓）</td><td>2 湯匙</td><td>20</td><td>麥片</td><td>20</td></tr>
<tr><td>*米苔目（溼）</td><td></td><td>80</td><td>麥粉、麵粉</td><td>20</td></tr>
<tr><td>*米粉（乾）</td><td></td><td>20</td><td>麵條（乾）</td><td></td><td>20</td></tr>
<tr><td>*米粉（溼）</td><td></td><td>30-50</td><td>麵條（溼）</td><td></td><td>30</td></tr>
<tr><td>爆米花（不加奶油）</td><td>1 杯</td><td>15</td><td>麵條（熟）</td><td>1/2 碗</td><td>60</td></tr>
<tr><td>飯</td><td>1/4 碗</td><td>50</td><td>拉麵</td><td>1/4 杯</td><td>25</td></tr>
<tr><td>粥（稠）</td><td>1/2 碗</td><td>125</td><td>油麵</td><td>1/2 杯</td><td>45</td></tr>
<tr><td>◎薏仁</td><td>1 1/2 湯匙</td><td>20</td><td>鍋燒麵</td><td></td><td>60</td></tr>
<tr><td>◎蓮子（乾）</td><td>32 粒</td><td>20</td><td>◎通心粉（乾）</td><td>1/3 杯</td><td>30</td></tr>
<tr><td>栗子（乾）</td><td>6 粒（大）</td><td>20</td><td>麵線（乾）</td><td></td><td>25</td></tr>
<tr><td>玉米粒</td><td>1/3 根或 1/2 杯</td><td>50</td><td>饅頭</td><td>1/4 個（大）</td><td>30</td></tr>
<tr><td>菱角</td><td>12 粒</td><td>80</td><td>土司</td><td>1 片（小）</td><td>25</td></tr>
<tr><td>馬鈴薯（3個／斤）</td><td>1/2 個（中）</td><td>90</td><td>餐包</td><td>1 個（小）</td><td>25</td></tr>
<tr><td>蕃薯（4個／斤）</td><td>1/2 個（小）</td><td>60</td><td>漢堡麵包</td><td>1/2 個</td><td>25</td></tr>
<tr><td>山藥</td><td>1 個（小）</td><td>70</td><td>蘇打餅干</td><td>3 片</td><td>20</td></tr>
<tr><td>芋頭</td><td>滾刀塊 3 至 4 塊或 1/5 個（中）</td><td>60</td><td>餃子皮</td><td>4 張</td><td>30</td></tr>
<tr><td>荸齊</td><td>10 粒</td><td>100</td><td>餛飩皮</td><td>3 至 7 張</td><td>30</td></tr>
<tr><td>南瓜</td><td></td><td>100</td><td>春捲皮</td><td>2 張</td><td>30</td></tr>
<tr><td>蓮藕</td><td></td><td>120</td><td>燒餅（+ 1/2 茶匙油）</td><td>1/2 個</td><td>30</td></tr>
<tr><td>白年糕　芋粿</td><td></td><td>30</td><td>油條（+1 茶匙油）</td><td>1/2 根</td><td>35</td></tr>
<tr><td>小湯圓（無餡）</td><td>約 10 粒</td><td>30</td><td>甜不辣</td><td></td><td>35</td></tr>
<tr><td>蘿蔔糕 6×8×1.5 公分</td><td>1 塊</td><td>70</td><td>◎紅豆、綠豆、蠶豆、刀豆</td><td></td><td>20</td></tr>
<tr><td>豬血糕</td><td></td><td>30</td><td>◎花豆</td><td></td><td>40</td></tr>
<tr><td></td><td></td><td></td><td></td><td>◎碗豆仁</td><td></td><td>85</td></tr>
<tr><td></td><td></td><td></td><td></td><td>△菠蘿麵包</td><td>1/3 個（小）</td><td>20</td></tr>
<tr><td></td><td></td><td></td><td></td><td>△奶酥麵包</td><td>1/3 個（小）</td><td>20</td></tr>
</table>

（註）1.＊蛋白質含量較其它主食為低；另如：冬粉、涼粉皮、藕粉、粉條、仙草、愛玉之蛋白質含量亦甚低，飲食需限制蛋白質時可多利用。

2.◎每份蛋白質含量（公克）：薏仁 2.8，蓮子 3.2，通心粉 4.6，豌豆仁 5.0，紅豆 4.7，綠豆 4.9，花豆 4.4，刀豆 4.9，蠶豆 6.2，較其他主食為高。

3.△菠蘿、奶酥麵包類油脂含量較高。

早餐_份、早點_份、午餐_份、午點_份、晚餐_份、晚點_份				
每份含蛋白質7公克，脂肪3公克以下，熱量55大卡			可食部分生重（公克）	可食部分熟重（公克）
	項目	食物名稱		
肉、魚、蛋類	水　產	蝦米、小魚干	10	
		小蝦米、牡蠣干	20	
		魚脯	30	
		一般魚類	35	30
		草蝦	30	
		小卷（鹹）	35	
		花枝	40	30
		章魚	55	
		＊魚丸（不包肉）（＋12公克醣類）	60	60
		牡蠣	65	35
		文蛤	60	
		白海參	100	
	家　畜	豬大里肌（瘦豬後腿肉），（瘦豬前腿肉）	35	30
		牛腩、牛腱		
		＊牛肉干（＋10公克醣類）	20	
		＊豬肉干（＋10公克醣類）	25	
		＊火腿（＋5公克醣類）	45	
	家　禽	雞里肌、雞胸肉	30	
		雞腿	35	
	◎內　臟	牛肚、豬心、豬肝、雞肝、雞胗	40	30
		膽肝	25	25
		豬腎	60	
		豬血	220	
	蛋	雞蛋白	70	

（註）1. ＊含醣類成分、熱量較其他食物為高。

　　　2. ◎含膽固醇較高。

項目		食物名稱	可食部分生重（公克）	可食部分熟重（公克）

早餐＿份、早點＿份、午餐＿份、午點＿份、晚餐＿份、晚點＿份

每份含蛋白質7公克，脂肪5公克以下，熱量75大卡

肉、魚、蛋類	項目	食物名稱	可食部分生重（公克）	可食部分熟重（公克）
	水　產	虱目魚、烏魚、肉鯽、鹹魚	35	30
		＊魚肉鬆（＋10公克醣類）	25	
		＊虱目魚丸、＊花枝丸（＋7公克醣類）	50	
		＊旗魚丸、＊魚丸（包肉）（＋7公克醣類）	60	
	家　畜	豬大排、豬小排、羊肉、豬腳	35	30
		＊豬肉鬆（＋5公克醣類）	20	
	家　禽	雞翅、雞排	35	
		雞爪	30	
		鴨賞	20	
	◎內　臟	豬舌	40	
		豬肚	50	
		豬小腸	55	
		豬腦	60	
	蛋	雞蛋	55	

每份含蛋白質7公克，脂肪10公克，熱量120大卡

	水　產	秋刀魚	35	
		鱈魚	50	
	家　畜	豬後腿肉、牛條肉	35	
		臘肉	25	
		＊豬肉酥（＋5公克醣類）	20	
	◎內　臟	雞心	50	

（註）1. ＊含醣類成分、熱量較其他食物為高。

2. ◎含膽固醇較高。

肉、魚、蛋類	早餐＿份、早點＿份、午餐＿份、午點＿份、晚餐＿份、晚點＿份			
	每份含蛋白質 7 公克，脂肪 10 公克，熱量 135 大卡以上，應避免食用			
	項目	食物名稱	可食部分生重（公克）	可食部分熟重（公克）
	家　畜	豬蹄膀	40	
		梅花肉、豬前腿肉、五花肉	45	
		豬大腸	100	
	加工製品	香腸、蒜味香腸	40	
		熱狗	50	

豆類及其製品	早餐＿份、早點＿份、午餐＿份、午點＿份、晚餐＿份、晚點＿份		
	每份含蛋白質7公克，脂肪3公克，熱量55大卡		
	食　物　名　稱	可食部分生重（公克）	可食部分熟重（公克）
	黃豆（＋5公克醣類）	20	
	毛豆（＋10公克醣類）	60	
	豆皮	15	
	豆包（濕）	25	
	豆腐乳	30	
	臭豆腐	60	
	豆漿	240毫升	
	麵腸	40	
	麵丸	40	
	烤麩	40	
	每份含蛋白質7公克，脂肪5公克以下，熱量75大卡		
	食　物　名　稱	可食部分生重（公克）	可食部分熟重（公克）
	豆枝	20	
	干絲、百頁、百頁結	25	
	油豆腐（＋2.5公克油脂）	35	
	豆鼓	35	
	五香豆干	45	
	素雞	50	
	黃豆干	70	
	豆腐	110	
	每份含蛋白質7公克，脂肪10公克，熱量120大卡		
	食　物　名　稱	可食部分生重（公克）	可食部分熟重（公克）
	麵筋泡	20	

| 早餐＿份、早點＿份、午餐＿份、午點＿份、晚餐＿份、晚點＿份 |

| 每份 100 公克（可食部分）含蛋白質 1 公克，醣類 5 公克，熱量 25 大卡 |

| 蔬 | 冬瓜
絲瓜（角瓜）
葫蘆
佛手瓜
西洋菜
大黃瓜
扁蒲
蘿蔔
絲瓜（長）
芋莖
芹菜
木耳（濕）
茄子
萵苣莖
青椒
洋蔥 | 海茸
苦瓜
小白菜
大白菜
捲心萵菜
苜蓿芽
＊大頭菜
萵仔菜
捲心芥菜
＊萵苣
韭黃
蕃茄（小）
蕃茄（大）
扁豆
茄茉菜
＊冬筍 | 白莧菜
鮮雪裡紅
綠竹筍
金針（濕）
青江菜
芥藍菜
韭菜
大心菜（帶葉）
麻竹筍
桂竹筍
＊京水菜
＊胡蘿蔔
小黃瓜
玉米
茭白筍
紫色甘藍 | 花菜
空心菜
菁藍
綠豆芽
＊油菜
石筍
＊茼萵菜
高麗菜
芥菜
蘆筍
＊鮑魚菇
紅鳳菜
皇宮菜
韭菜花
蘆筍（罐頭） |
| 菜 | 玉米筍
金絲菇
四季豆
榻棵菜
＊菠菜
冬莧菜
高麗菜心
＊草菇
蘆筍花 | 紅菜豆
水甕菜
九層塔
＊孟宗筍
甜豌豆夾
角菜
＊紅莧菜
黃秋葵
香菇（濕） | 菜豆
肉豆
＊龍鬚菜
洋菇
薺菜
豌豆莢
蘑菇
水厥菜
蕃薯 | ＊美國菜花
小麥草
豌豆嬰
＊豌豆苗
＊黃豆芽
皇帝豆 |

（註）1. 醃製品之蔬菜類含鈉量高，應少量食用。

2. ＊表每份蔬菜類含鉀量≧300 毫克（資料來源：靜宜大學高美丁教授）。

3. 本表下欄之蔬菜蛋白質含量較高。

早餐 __份、早點 __份、午餐 __份、午點 __份、晚餐 __份、晚點 __份				
每份含醣類15公克，熱量60大卡				
食 物 名 稱	購買量（公克）	可食量（公克）	份量（個）	備註 直徑×高（公分）
香瓜	185	130		
紅柿（6個／斤）	75	70	3/4	
浸柿（硬）（4個／斤）	100	90	2/5	
紅毛丹	145	75		
柿干（11個／斤）	35	30	2/3	
黑棗	20	20	4	
李子（14個／斤）	155	145	4	
石榴（1½個／斤）	150	90	1/3	
人心果	85			
蘋果（4個／斤）	125	110	4/5	
葡萄	125	100	13	
橫山新興梨（2個／斤）	140	120	1/2	
紅棗	25	20	9	
葡萄柚（1½個／斤）	170	140	2/5	
楊桃（2個／斤）	190	180	2/3	
百香果（8個／斤）	130	60	1 1/2	
櫻桃	85	80	9	
24世紀冬梨（2¾個／斤）	155	130	2/5	
桶柑	150	115		
山竹（6¾個／斤）	440	90	5	
荔枝（27個／斤）	110	90	5	
枇杷	190	125		
榴槤	35			
仙桃	75	50		
香蕉（3⅓根／斤）	75	55	1/2	（小）
椰子	475	75		
白文旦（1⅙個／斤）	190	115	1/3	10×13

水果（left vertical label spanning rows）

（續上表）

食 物 名 稱	購買量 （公克）	可食量 （公克）	份量 （個）	備註 直徑×高（公分）
白柚（4斤／個）	270	150	1/10	18.5 × 14.4
加州李（4¼個／斤）	130	120	1	
蓮霧（7⅓個／斤）	235	225	3	
椪柑（3個／斤）	180	150	1	
龍眼	130	80		
水蜜桃（4個／斤）	145	135	1	（小）
紅柚（2斤／個）	280	160	1/5	
油柑（金棗）（30個／斤）	120	120	6	
龍眼干	90	30		
芒果（1個／斤）	150	100	1/4	9.2 × 7.0
鳳梨（4½斤／個）	205	125	1/10	
柳丁（4個／斤）	170	130	1	（大）
*太陽瓜	240	215		
奇異果（6個／斤）	125	110	1¼	
釋迦（2個／斤）	130	60	2/5	
檸檬（3⅓個／斤）	280	190	1½	
鳳眼果	60	35		
紅西瓜（20斤／個）	300	180	1片	1/4個切8片
蕃石榴（泰國）（1⅗個／斤）	180	140	1/2	
*草莓（32個／斤）	170	160	9	
木瓜（1個／斤）	275	200	1/6	
鴨梨（1¼個／斤）	135	95	1/4	
梨仔瓜（美濃）（1¼個／斤）	255	165	1/2	6.5 × 7.5
黃西瓜（5½斤／個）	335	210	1/10	19 × 19
綠棗（E.P.）（11個／斤）	145		3	
桃子	250	220		
*哈蜜瓜（1⅘斤／個）	455	330	2/5	

（註）1. *每份水果類含鉀量≧300毫克（資料來源：靜宜大學高美丁教授）。
　　　2. 黃西瓜、綠棗、桃子、哈蜜瓜蛋白質含量較高。

早餐＿份、早點＿份、午餐＿份、午點＿份、晚餐＿份、晚點＿份			
每份含脂肪5公克，熱量45大卡			
食物名稱	購買重量（公克）	可食部分重量（公克）	可食份量
植物油（大豆油、玉米油、紅花子油、葵花子油、花生油）	5	5	1茶匙
動物油（豬油、牛油）	5	5	1茶匙
麻油	5	5	1茶匙
椰子油	5	5	1茶匙
瑪琪琳	5	5	1茶匙
蛋黃醬	5	5	1茶匙
沙拉醬（法國式、義大利式）	10	10	2茶匙
鮮奶油	15	15	1湯匙
＊奶油乳酪	12	12	2茶匙
＊腰果	8	8	5粒
＊各式花生	8	8	10粒
花生粉	8	8	1湯匙
＊花生醬	8	8	1茶匙
＊黑（白）芝麻	8	8	2茶匙
＊開心果	14	7	10粒
＊核桃仁	7	7	2粒
＊杏仁果	7	7	5粒
＊瓜子	20（約50粒）	7	1湯匙
＊南瓜子	12（約30粒）	8	1湯匙
＊培根	10	10	1片（25×3.5×0.1公分）
酪梨	70	50	4湯匙

（註）＊熱量主要來自脂肪，但亦含有少許蛋白質（≧1gm）。

油脂類（左側縱排標示）

第三節 食物代換表的運用

爲了使計算演練快速，初學者需將食物代換表每份食物的份量及主要營養成分牢記，以便使用食物代換表能得心應手。

一、每份奶類含蛋白質 8 公克，脂肪 8 公克，醣 12 公克，因此熱量爲 150 大卡。

4 大卡 × 8 ＋ 9 大卡 × 8 ＋ 4 大卡 × 12 ≒ 150 大卡

每份五穀根莖類含蛋白質 2 公克，醣 15 公克，應爲熱量 70 大卡。

4 大卡 × 2 ＋ 4 大卡 × 15 ≒ 70 大卡

其他類別食物依此類推。

二、肉、魚、蛋類依脂肪含量高低，分爲低脂、中脂、高脂，每份熱量亦有不同，如低脂肉類每份蛋白質 7 公克，脂肪 3 公克以下，熱量約 55 大卡；中脂則每份蛋白質 7 公克，脂肪 5 公克，熱量約 75 大卡；高脂則每份蛋白質 7 公克，脂肪 10 公克，熱量約 120 大卡。

三、將每餐或每天食物份量做記錄，再依食物代換表的份量爲基礎求出倍數，將所含主要營養素乘以倍數，即爲所獲取的食物熱量。

例如：吃一份中式早餐，內容爲豆漿 480 cc，燒餅 60 公克，油條 70 公克，其攝取熱量如表 9-2 所示。

表 9-2　中式早餐所含的主要營養素

食物	份量	食物代換份數	蛋白質（公克）	脂肪（公克）	醣（公克）	熱量（仟卡）
豆漿	480 公克	2x	14	6	5	130
燒餅	60 公克	2x	4	5	30	181
油條	70 公克	2x	4	10	30	226
		合計	22	21	65	537

第**10**章

幼兒的飲食設計

　　台灣光復時，家庭普遍較貧窮，因此那時的觀念即「能吃就是福」，近年來台灣生活充裕，若飲食生活質與量不做好控制的話，很容易攝食不均衡，常為攝取過量的食物而導致肥胖，造成日後成長的困擾。現將幼兒飲食設計考慮的因素、幼兒一日膳食設計及幼稚園的膳食設計，分述於下。

 ## 第一節　幼兒飲食設計原則

　　幼兒飲食設計應考慮的因素依序為營養需求、飲食喜好、餐食供應型態、季節性食物、季節與天氣、食物的品質。

一、營養需求

由行政院衛生署（1983）所擬定幼兒 1 至 3 歲、4 至 6 歲的每日營養素建議量顯示，1 至 3 歲之幼兒每日需要熱量 1,300 大卡，蛋白質需 30 公克；4 至 6 歲之幼兒男孩每日需 1,700 大卡，女孩每日需 1,550 大卡，蛋白質需 35 公克，由表 10-1 可見到不同年齡、性別在熱量及蛋白質的攝取有所差異。

表 10-1　幼兒每日營養素建議量

年齡	熱量（仟卡）		蛋白質（公克）	
	男	女	男	女
1 至 3 歲	1,250	1,250	25	25
4 至 6 歲	1,700	1,550	30	30
7 至 9 歲	1,900	1,650	40	40

資料來源：行政院衛生署（1983）。

二、飲食喜好

由於每一位幼兒在嬰兒期食用添加副食品時，每位媽媽或保姆給予副食品的種類、份量、質感、口味有所不同，使得小孩長大後對食物的喜好也有不同，為了讓幼兒能認識並能嚐到食物的風味，在菜單設計時力求材料變化，有些風味較強的蔬菜如青椒、苦瓜、芹菜，小孩可能不喜歡則不必太勉強幼兒食用。

在菜單設計時，小孩喜歡的材料可多出現，不喜歡的材料出現次數較少。

三、餐食供應型態

餐食供應型態如盤餐、自助式餐食或合菜式的餐食，均會影響到幼兒的菜單設計。

四、季節性食物

由於季節性食物品質較好，價錢又較便宜，因此設計幼兒菜單時，應對市場上食物的種類有所認識，才能設計出多變化、價格低又品質好的菜色。

五、季節與天氣

由於氣溫會影響食物的生產，亦會影響人的食慾，因此需依不同的季節或天氣來做菜單的變化，在夏天時設計涼麵十分討好，冬天則不適合；在冬天時設計火鍋十分適宜，但夏天則不適合。

六、食物的品質

㈠色澤

一個盤餐最好有綠、白、棕三色系，綠色即綠色蔬菜，白色如米飯、白切肉，棕色如烤雞、紅蘿蔔等色系。

菜餚的設計不宜呈黑色、灰色、紫色、藍色，會引不起食慾。

㈡外形

同一盤菜所用材料外形應一致，如炒四丁應將四種材料均切成丁狀，但菜與菜之間應有不同的形狀。

在幼兒餐食設計時，可取用不同外形的模具將蔬菜刻出花形再行烹調，這比較會引發小孩吃的食慾。

㈢味道

小孩的食物切忌辣、鹹、酸、苦，因幼兒味覺靈敏度較成人高，所以餐食調味不宜太濃，以清淡為主，少用鹽、油、糖。

㈣組織

幼兒牙齒未長好或換牙，因此食物不能切太長或太老，讓他們不易咀嚼，儘可能煮軟一點或切碎一點。

(五)稠度

菜餚中不能每一道菜均勾芡，會使吃的人感覺不愉快。

(六)火候

幼兒身體對疾病抵抗力弱，因此所有食物除水果外，建議應煮熟後再食用。

(七)盤飾

幼兒所用的餐具、盤飾均會影響食物的外形，使成品看起來量較多。

 # 第二節　幼兒飲食設計

幼兒由於胃容量少，因此每日應設計三餐之外，另外加二次點心，但點心應為早點與午點，因為晚上活動量減少，不應設計宵夜。現將一人幼兒及一百人幼兒飲食設計量分述於下：

幼兒飲食設計之步驟為：

1. 6歲幼童（女）一天需 1,550 大卡。

2. 餐次中熱量的分配，早餐 20%、中餐 35%、晚餐 25%、早點 10%、午點 10%。

3. 蛋白質占熱量 12%、脂肪占熱量 30%、醣占熱量 58%。

4.將蛋白質、脂肪、醣類分配到六大類食物中。

5.將設計好的食物分配到三餐及二次點心中，並將菜單列出來。

6.將上述之原則應用如下：

(1)將熱量分配到蛋白質、脂肪、醣類中。

蛋白質 1,550 卡 × 12% ÷ 4 ＝ 46.5 公克

脂肪 1,550 卡 × 30% ÷ 9 ＝ 51.5 公克

醣類 1,550 卡 × 58% ÷ 4 ＝ 224 公克

(2)將蛋白質、脂肪、醣類分配到六大類食物中。

食物種類 ＼ 營養成分	份數	醣（公克）	蛋白質（公克）	脂肪（公克）
奶類	2x	24	16	16
蔬菜	1x	5	2	－
水果	2x	30	－	－
糖	1t	5	0	0
五穀根莖類	10x	(64) 150	(18) 20	(16) －
肉、魚、豆、蛋類	1x	(214) －	(38) 7	(16) 5
油脂類	6x	(214)	(45)	(21) 30
合計		(214)	(45)	(51)

①先將奶類、蔬菜、水果、糖之份數依幼兒的飲食習性設計出來。

②將總醣量扣除奶類、蔬菜、水果、糖用掉的醣類除以 15 等於五穀根莖類。

如上例（224 － 64）÷ 15 ≒10x

③將 10x 五穀根莖類的營養素列入。

④將總蛋白質量扣除奶類、蔬菜所用掉的蛋白質，再除以 7，等於肉、魚、豆、蛋的份數。

（46.5 － 38）÷ 7 ≒1x

⑤將總脂肪量扣除奶類、肉類的脂肪除以 5 即為油脂類的份數。

（51.5 － 21）÷ 5 ≒6x

(3)將設計出來的食物量分配至三餐及二次點心中，如表 10-2 所示。

表 10-2　幼兒一日飲食設計

餐別	菜單	材料量（1 人份）	材料量（100 人份）
早餐	牛奶 三明治	牛奶 1 杯（240 cc） 土司 1 片 果醬 1 小匙	牛奶 100 杯 土司 100 片 果醬 2 杯
早點	雙色水果	紅西瓜 90 公克 黃西瓜 105 公克	紅西瓜 9 公斤 黃西瓜 10.5 公斤
中餐	米飯 醬瓜雞丁 煮綠花椰菜 玉米濃湯 柳丁	米 60 公克 帶骨雞丁 45 公克 醬瓜 30 公克 綠花椰菜 30 公克 玉米粒 30 公克 洋蔥 10 公克 柳丁 1 個	米 6 公斤 帶骨雞丁 4.5 公斤 醬瓜 3 公斤 綠花椰菜 3 公斤 玉米粒 3 公斤 洋蔥 1 公斤 柳丁 100 粒
午點	冰淇淋	冰淇淋 240 公克	冰淇淋 24 公斤
晚餐	燴飯	米 60 公克 肉片 15 公克 紅蘿蔔 25 公克 小黃瓜 25 公克 芋頭丁 60 公克	米 6 公斤 肉片 1.5 公斤 紅蘿蔔 2.5 公斤 小黃瓜 2.5 公斤 芋頭丁 6 公斤

第三節 幼稚園菜單設計

由於幼稚園內照顧幼兒的工作十分繁重，因此幼稚園的菜單設計宜採用循環性的菜單，即一年有春秋、夏、冬三個氣候較有明顯差異性，可在每季內設計 21 套菜單循環使用，在幼稚園內餐食只供應中餐、早點、午點，因此所需熱量僅占一天的 50%至 60%，蛋白質、脂肪、醣的分配所占熱量百分比為蛋白質占 12%至 15%，脂肪占 25%至 30%，醣占 50%至 60%，現以幼稚園菜單設計，步驟如下：

1. 由每位幼兒在園內三餐次（一次中餐，二次點心）之百分比約占一天熱量 50%。由行政院衛生署擬定幼兒一天需 1,550 至 1,700 卡，因此平均每位幼兒需（1,550 ＋ 1,700）÷ 2 ＝ 1,625 卡。幼兒在園內所需熱量需 1,625 卡 × 50% ＝ 812 卡。

2. 蛋白質、脂肪、醣所需克數：

蛋白質 812 × 12% ÷ 4 ＝ 24 公克

脂肪 812 × 30% ÷ 9 ＝ 27 公克

醣 812 × 58% ÷ 4 ＝ 111 公克

3. 分配至食物中。

營養成分 食物種類	份數	醣 （公克）	蛋白質 （公克）	脂肪 （公克）
奶類	1x	8	8	12
蔬菜	1x	5	2	－
水果	1x	15	－	－
糖	1t	5	0	0
五穀根莖類	5x	(33) 75	(10) 10	(12) －
肉、魚、豆、蛋類	0.5x	(108) －	(20) 3.5	(12) 2.5
油脂類	2.5x	(108)	(23.5)	(14.5) 12.5
合計		(108)	(23.5)	(27)

⑴先設計奶類、蔬菜、水果、糖之份數。

⑵（將總醣量扣除奶類、蔬菜、水果、糖所用的醣類）
$\div 15 =$ 五穀根莖類之份數。

（$111 - 33$）$\div 15 = 5x$

⑶（將總蛋白蛋量扣除奶類、蔬菜、五穀根莖類之蛋白
質）$\div 7 =$ 肉、魚、豆、蛋之用量。

（$24 - 20$）$\div 7 = 0.5x$

⑷（將總脂肪量扣除奶類、肉類之油脂量）$\div 5 =$ 油脂
用量

（$27 - 14.5$）$\div 5 = 2.5x$。

4.設計菜單並將食物量算出來。

表 10-3　幼稚園菜單設計

餐別	菜單	材料量（1 人份）	材料量（100 人份）
早點	牛奶 餅干	牛奶 1 杯 餅干 2 片	牛奶 100 杯 餅干 200 片
午餐	米飯 肉燥 炒青菜 水果	米 60 公克 絞肉 20 公克 高麗菜 30 公克 紅蘿蔔 30 公克 葡萄 100 公克	米 6 公斤 絞肉 2 公斤 高麗菜 3 公斤 紅蘿蔔 3 公斤 葡萄 10 公斤
午點	煎蘿蔔糕	蘿蔔糕 140 公克	蘿蔔糕 14 公斤

 # 第四節　幼稚園循環菜單設計

　　循環菜單即在一季內設計適合該季之菜單循環使用，因此
菜單切忌重複，遇到天災或節慶時需用替代品，以免價格太高，
現將幼稚園之循環菜單範例列於第 180 頁至第 188 頁。

主題名稱	菜單設計：春秋菜單					
餐別＼套級	一	二	三	四	五	六
早點	龍鳳捲、豆漿	肉餡湯圓	炸地瓜絲、奶茶	杏仁酥、牛奶	大蒜麵包、豆漿	玉米濃湯
午餐	米飯、肉絲炒木耳、菜脯蛋、炒綠花菜、髮菜肉羹湯	火腿玉米蛋炒飯、花瓜雞湯	大滷麵、豆干、海帶	咖哩豬肉飯、脆丸黃瓜湯	米飯、絞肉蒸蛋、油豆腐炒、青江菜、紫菜蛋花湯	菠菜、白米粥、鹹鴨蛋、魚鬆、炒
午點	陽春麵	巧克力蛋糕、果汁	草莓三明治、阿華田	廣東粥	粉圓湯	薏仁排骨湯

主題名稱	菜單設計：春秋菜單					
套級＼餐別	七	八	九	十	十一	十二
早點	油豆腐細粉	丹麥小圓餅、阿華田	魷魚羹	花生豆花	菜肉餛飩	紅豆湯圓
午餐	米飯、茄汁雞丁、豆乾炒木耳、青江菜、豬血湯	咖哩雞肉燴飯、冬瓜蛤蜊湯	肉絲炒麵、貢丸湯	米飯、芙蓉蝦仁、花椰菜炒、肉絲、排骨金針湯	湯米飯、炸魚條、涼拌四季豆、紅燒豆腐、韭菜炒豆芽、肉丸	水餃、酸辣湯
午點	牛奶大麥粥	奶油玉米花、紅茶	芋頭粥	蘋果麵包、奶茶	肉羹油麵	茶葉蛋、麥茶

主題名稱	菜單設計：春秋菜單					
套級 餐別	十三	十四	十五	十六	十七	十八
早點	香菇玉米粥	沙其瑪、阿華田	茶碗蒸	紅茶 火腿三明治、	肉絲米粉湯	銀絲捲、米乳
午餐	米飯、茄汁豬排、炒什錦、 炒蕃薯葉、羅宋湯	空心菜、青菜豆腐蕃茄湯 米飯、洋蔥炒蛋、醬瓜雞丁、	芋頭米粉湯、棒棒小雞腿	高麗菜、紫菜湯 米飯、魯肉、油豆腐、三色	爆肉絲、排骨冬瓜湯 米飯、雞肝炒韭菜、蔥燒豆腐、	銀魚香菇粥、五香豆干
午點	雞湯麵線	綠豆仁西米露	冬瓜茶、奇福餅干	貢丸粉絲	牛奶、酥脆餅	金針冬粉

主題名稱	菜單設計：夏季菜單					
套級 / 餐別	一	二	三	四	五	六
早點	金針冬粉	綠豆麥角粥	香草冰淇淋	米粉湯	冰豆花	蛋糕、巧克力牛奶
午餐	米飯、黃瓜脆丸湯、茄汁雞丁、絲瓜燴豆腐、豆芽炒韭菜	冬粉、竹筍大骨湯、米飯、雪裡紅炒肉絲、絲瓜炒	肉羹麵、滷蛋	炒蛋、胡瓜排骨湯、米飯、絞肉燴蔬菜總匯、洋蔥	米飯、冬瓜蛤蜊湯、魯肉油豆腐、豆芽韭菜	菜脯蛋、炒青江菜、小米粥、肉鬆、花生麵筋、
午點	蘿蔔糕、奶茶	貢丸湯	牛奶大麥粥	甜不辣湯	芋頭冰	油豆腐細粉

主題名稱	菜單設計：夏季菜單					
套級 / 餐別	七	八	九	十	十一	十二
早點	草莓三明治、豆漿	鳳梨果凍	茶葉蛋、紅茶	雞蛋玉米粥	白木耳蓮子湯	仙草蜜
午餐	不辣、排骨冬瓜湯、米飯、絞肉蒸豆腐、韭菜炒甜	涼拌黃瓜、米飯、麻醬茄子、素炒三絲、	什錦炒麵、貢丸湯	清炒芥蘭、米飯、蘿蔔燒肉、排骨黃瓜湯、家常豆腐、	空心菜、河硯湯、米飯、長豆燒肉、火腿蛋、	海產粥、棒棒小雞腿
午點	什錦粥	綠豆湯	玉米脆餅、紅茶	綠豆粉圓	西谷米牛奶	水餃湯

主題名稱	菜單設計：夏季菜單					
套級 餐別	十三	十四	十五	十六	十七	十八
早點	肉羹麵線	蔥油餅、豆漿	愛玉檸檬凍	銀絲捲、麥茶	什錦米苔目	芋頭甜湯
午餐	米飯、味噌湯、紅燒獅子頭、高麗菜炒木耳	米飯、魚片炒芥蘭、螞蟻上樹、蘿蔔排骨湯、涼拌茄子	米飯、三色蛋、醬瓜雞丁、炒小白菜、絲瓜豆腐湯	豆片竹筍湯、咖哩蛋肉飯、清炒菠菜、榨菜	米飯、銀魚煎蛋、蕃茄豆腐、毛豆絞肉、空心菜	漢堡、玉米濃湯
午點	八寶甜湯圓	小西點、阿華田	肉燥粿仔條	爆奶油玉米花、冬瓜茶	椰林綠豆西米湯	冬瓜茶、孔雀餅干

主題名稱	菜單設計：冬季菜單					
套級 餐別	一	二	三	四	五	六
早點	酸辣麵	海綿蛋糕、豆漿	三色粥	碗粿	廣東粥	熱狗、奶茶
午餐	豆干海帶、芥蘭炒肉絲、米飯、貢丸湯、蕃茄溜蛋、	炒年糕、雞骨冬瓜湯	什錦炒麵、花枝蝦仁羹	肉、炒花椰菜（綠）、香菇蒸蛋、米飯、雞茸玉米濃湯、瓜仔雞	青豆蝦仁、炒A菜、米飯、排骨蘿蔔湯、燻味香腸、	青椒 白米粥、海苔肉鬆、小魚炒豆乾、
午點	花生三明治、阿華田	綜合甜不辣	脆笛酥、熱奶茶	綠豆脆圓（熱）	什錦蔬菜麵	雞蛋布丁

主題名稱	菜單設計：冬季菜單					
套級\餐別	七	八	九	十	十一	十二
早點	飯糰、米乳	芝麻湯圓	綠豆麥片粥	蘿蔔糕、玉米濃湯	油炸蔬菜、熱紅茶	臘八粥
午餐	什錦海鮮米粉	丁、清炒青江菜、米飯、榨菜肉絲湯、蕃茄炒魚	素炒碗豆莢、紅燒豆腐、米飯、肉羹湯、梅干菜燒肉、	開陽白菜、紅蘿蔔炒蛋、米飯、排骨海帶湯、三杯雞、	排骨小魚干粥、蝦米炒刈菜	青椒、蕃茄炒蛋、米飯、豆腐蝦仁湯、沙茶豬肉
午點	花生湯	貢丸冬粉	水晶餃	桂圓湯圓	飛機餅干、熱紅茶	水餃湯

主題名稱	菜單設計：冬季菜單					
套級＼餐別	十三	十四	十五	十六	十七	十八
早點	蚵仔麵線	甜八寶	火腿三明治、豆漿	肉絲米粉	玉米濃湯	金針冬粉
午餐	薏仁煮雞湯、蝦仁青豆蛋炒飯、炒花椰菜、	肉絲海帶湯、米飯、醣醋排骨、炒四丁、	廣東粥、肉絲炒豆芽	菠菜粉絲、咖哩魚片、米飯、三鮮干絲湯、什錦豆腐、	炒高麗菜、油豆腐、米飯、味噌湯、炸小雞腿、	肉絲炒麵、銀絲羹
午點	芋頭熱湯圓	三鮮麵	花生糊	福州魚丸湯	沙其瑪、奶茶	芙蓉甜湯

第11章

食品衛生與安全

由於小孩抵抗力弱,禁不起任何一次的食物中毒,因此在幼稚園製作小孩的餐食不僅應注意食物營養、美味之外,尚要注意衛生與安全。俗語說:「病從口入」、「民以食為天」,飲食與人類生活有極密切的關係。

依據世界衛生組織(World Health Organization,簡稱為WHO),對食品衛生(Food Sanitation 或 Food Hygiene)的定義為:食品衛生就是由食物或相關因素找出直接或間接危害健康的因素,並設法預防或去除危害因素,以確保飲食者獲得安全的飲食。在台灣食品衛生管理,中央有行政院衛生署食品衛生處來做食品衛生的管理與規劃,各縣市政府衛生局食品衛生課則做地方之食品衛生稽查、管理、訓練及輔導。

由於食物的腐敗大多是微生物所引起,因此本章將依食物的腐敗與貯存、微生物的認識、食物中毒、黴菌食物中毒、害蟲控制、安全管理介紹之。

 # 第一節　食物的腐敗與保存

　　食物中含有各種營養素，在貯放時容易有齧齒類、昆蟲、酵素、微生物、濕度、溫度、食品添加物或氧化等變因，使得食物的品質變差，需經過適當的保存，保存有一定的時間與溫度，現依食物腐敗與保存方法來介紹。

　　食品變質常因下列因素所造成。

一、自體分解作用

　　食品本身具有酵素，因酵素引起的分解作用稱為自體分解或稱為自體消化（Autolysis），如採摘後的水果，存放一段時間後會因自體酵素作用，使得呼吸作用加速而導致過熟。又如肉類中牛肉常需放在 0 至 4℃ 的冷藏庫中數日，會產生自體分解蛋白質，分解成氨基酸而導致牛肉肉質變嫩，牛肉因自體分解而改善了質地，但蔬果常因過度自體分解而使品質變差。

二、微生物

　　微生物中主要引起食物腐敗的為細菌、酵母、黴菌，但有些微生物會因其新陳代謝，而產生物質改變食物的風味、質地、顏色，而對食品製造時有益，如釀酒、製造乳酪時有些有益的微生物加工出不同種類的食品，但大多的微生物會使得食品產生腐敗與惡臭，甚而導致食物中毒。

三、食物成分的改變

食品成分因久置會受到氧化還原，影響成品的品質，如澱粉會有老化現象使成品變硬，乾燥食品因脫水而變質。

四、空氣中濕度、溫度之影響

食品在空氣中易吸空氣中的濕氣而加速腐敗，在乾燥水分少時亦會引起變質。食品的安全溫度為4℃以下，60℃以上，此為食品貯存溫度，因此乾料以貯存於5至22℃為宜，冷藏食品宜存放在0至7℃，冷凍食品則宜貯放於−18℃以下。

五、食品添加物

加工時常加了不同物質，使食品成分改變，甚而變質。

六、脂肪氧化

脂肪因氧化作用產生不同氧化物，使食品產生不良氣味。

第二節　微生物

　　微生物即微小生物，包括細菌、真菌、藻類、原生動物及病毒，其形態、大小、特性均有不同，如細菌大小約 0.2 至 100μm，屬原核細胞，行無性生殖，有些為致病菌，有些在自然界中供給土壤肥料占重要角色。藻類中如藍綠藻大小為 5 至 1.5μm，含葉綠素可行光合作用，形成土壤。病毒大小為 0.015 至 0.2μm，可使人及動植物生病。真菌大小為 5 至 10μm，有些為致病菌，有些可行酒精發酵作為食物。黴菌大小為 2 至 10μm，有益者可分解物質作食品工業之用，有些為致病菌。原生動物大小為 2 至 200μm，可作為水生動物的食物，有些為致病菌。藻類多屬水生，為水生生物重要的食物，其大小從 10μm 至幾呎均有。微生物可生長於不同的環境中，依其生長環境亦可將微生物做分類，依對氧的要求，將微生物分為好氧菌、絕對嫌氧菌與嫌氧性三種；依不同的生長溫度可分為高溫菌、中溫菌與低溫菌；依滲透壓可分為好糖菌及好鹽菌。

 ## 第三節　食物中毒

　　當二人或二人以上攝取相同的食物，發生一樣症狀，由患者的血液、嘔吐物、糞便等檢體，分離出相同類型的致病菌即稱爲食物中毒，若因攝食肉毒桿菌或化學性中毒而引起死亡，僅一人亦視爲食物中毒。

一、食物中毒的分類

食物中毒可分爲細菌性食物中毒、化學性食物中毒與天然毒素食物中毒，其分類如下圖所示。

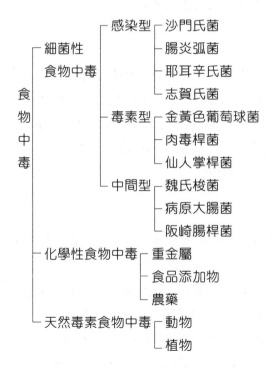

二、細菌性食物中毒

細菌性食物中毒係因攝取含有致病細菌或細菌產生毒素污染食物所引起的症狀，因其致病方式不同可分為以下三種。

㈠感染型食物中毒

食物上有細菌，細菌進入人體內繁殖，至腸道引發中毒症狀，一般沙門氏菌與腸炎弧菌屬此類。

1.沙門氏菌

為一種具有鞭毛、有運動性的桿菌，是在人、畜及家禽腸內共同菌，以雞的腸道特別多，潛伏期為 6 至 72 小時，一般在 12 至 24 小時內發病。其症狀為水樣血便、噁心、嘔吐、腹痛、發燒，只要烹調在 60℃的溫度即可將它殺死，在烹調食物時應將生熟食器具分開使用。

2.腸炎弧菌

為革蘭氏陰性桿菌，無芽胞，好鹽性，在食品中 2 至 15 分鐘分裂一次，為所有中毒細菌中分裂最快的。

腸炎弧菌主要在海水中，它的潛伏期為 4 至 28 小時，平均為 10 至 18 小時。其病症為噁心、嘔吐、腹痛、下痢、血便。由於本菌在鹽濃度為 0.5%至 10%可生長，在淡水中 1 至 4 分鐘有 90%會死亡，因此用自來水沖洗即可去除此菌。

在80℃中20至30分鐘、100℃中1至5分鐘即可殺死此菌，在10℃以下此菌不生長，因此可用冷藏或加熱的方式來抑制此菌之生長。

在飲食習慣方面應不食用生鮮海鮮，吃煮熟至80℃以上的食物。用具之使用應標明生食與熟食，使用過的器具應充分沖洗乾淨。

3.耶耳辛氏菌

此菌爲革蘭氏陰性，能在4至9℃迅速增殖，但在37℃生長不佳，一般存於生食中，人感染時會有發燒、下痢、頭痛、噁心等現象，因此食物應完全煮熟，明確區分生熟食使用之器具。

4.志賀氏菌

此菌爲革蘭氏陰性，最適宜在37℃繁殖，常在不潔環境人口密集的地區、食物中，如受污染的水質或殺菌不完全的食物，如布丁、沙拉、巧克力中。人感染此菌會有腹痛、抽筋、下痢、血便的現象，因此應由改善環境，注重個人與社區衛生、水質作適當的處理。

㈡毒素型食物中毒

此類食物中毒爲細菌污染食物並在食物上產生毒素，食用者吃了含有毒素的食物所造成的中毒事件。此類型中毒症狀潛伏期較短，症狀較嚴重，引起身體疾病的毒素有金黃色葡萄球菌與肉毒桿菌。

1. 金黃色葡萄球菌

　　為革蘭氏陽性球菌，存在人的皮膚、粘膜組織（口腔、鼻咽喉）、糞便、化膿傷口。

　　潛伏期為 30 分鐘至 8 小時，平均 2 至 4 小時發病，症狀為噁心、嘔吐、腹痛、下痢。

　　此菌在 10℃ 以下不能生存，所以食物製備好應予以冷藏，員工手部有化膿傷口應嚴禁其工作時接觸食品，若必須工作，應配戴手套。

2. 肉毒桿菌

　　本菌為革蘭氏陽性、嫌氧性桿菌，有芽胞，耐熱性強，會產生毒素，在無氧環境下會繁殖產生毒素。

　　肉毒桿菌中毒潛伏期為 2 小時至 8 天，一般為 12 至 36 小時，主要症狀為雙重視力、呼吸困難。預防之道為食品在食用前應行充分加熱，罐頭食品有凹凸罐時，不可食用。

3. 仙人掌桿菌

　　此菌為革蘭氏陽性桿菌，生長於 10 至 50℃，最適宜生長溫度為 30℃，大多在米飯、馬鈴薯、豆類中。

　　發病時會有腹痛、下痢、頭昏現象，因此穀類應在調理後立刻食用，食物在加熱 60℃ 以上後予以冷凍，可破壞仙人掌孢子。

(三)中間型食物中毒

如魏氏梭菌、病原大腸菌、阪崎腸桿菌等均屬之。

1. 魏氏梭菌

又稱為產氣莢膜桿菌，為革蘭氏陽性、嫌氧性桿菌，能形成芽孢與莢膜，生長溫度在 25 至 55℃，分布於人、動物腸道及土壤中，人吃了放置 5 小時以上的肉類、魚類較易發生，潛伏期為 8 至 22 小時，平均 12 小時，主要症狀為腹瀉及水樣液，嚴重會有血便。預防方法是徹底清潔，尤以肉類需保存在 7℃ 以下或 60℃ 以上。

2. 病原大腸菌

為革蘭性陰性桿菌，大多侵襲腸粘膜而致病，存於土壤、家畜、人、寵物中，也可經由飲水而導致食物中毒，潛伏期 8 至 24 小時，有時可長達 72 小時，一般在 10 至 12 小時發病，主要為下痢、上腹疼痛，應注意食品及飲用水衛生，食物應加熱後食用。

3. 阪崎腸桿菌

阪崎腸桿菌是乳製品中近幾年新發現的致病菌，此菌對早產兒出生體重輕的嬰兒或免疫受損的嬰兒威脅性大，嚴重時會導致敗血症、腦膜炎或壞死性小腸結膜炎。

第四節　黴菌食物中毒

有些食物如穀類、豆類、飼料等，常會因貯藏而受到黴菌寄生，產生黴菌代謝物而引起身體不適，由黴菌所產生的毒素稱為黴菌毒素，由黴菌毒素所引發的中毒事件即為黴菌食物中毒，常見的黴菌毒素有黃麴毒素、紅黴菌、青黴菌、鐮孢菌等。

一、黃麴毒素

黃麴毒素為黴菌中最重要的一種，尤以台灣天氣濕熱最適合黴菌生長。它常在花生、花生醬、玉米或穀類及其他飼料中，飼料中只要有 15ppb 的含量，就可以導致動物產生肝癌、組織出血、厭食、生長遲緩，黃麴毒素很容易經由飼料到家畜的乳汁或肝臟中。

人吃了含有黃麴毒素的動植物，易產生黃疸、腹水、肝硬化，因此穀類應注意貯存的溫度與濕度，如穀類貯存時應保持水分含量在 13%以下。

二、紅黴菌

常存於穀類如麵粉、米之中，吃了被紅黴菌污染之穀類會有嘔吐、腹瀉及厭食的現象。

三、青黴菌

青黴菌所含的青黴素為水溶性的無色結晶，為神經毒素，常在稻米、腐爛水果中，人吃了以後易造成內臟病變甚而致癌。

四、鐮孢菌

主要生長於米、玉米、小麥等穀類，在 0℃及 8 至 15℃低溫產生毒素，家畜飼料若含有 1 至 5ppm，使會引起家畜荷爾蒙過多，導致生理障礙，生殖器肥大。

為防止穀類黴菌產生應在食品貯存時降低食品水分含量，保持穀粒完整，控制貯存溫度，降低食品貯存氧氣的含量，適度添加抗黴劑（如山梨酸、醋酸、香辛物）。

第五節　天然毒素食物中毒

一、植物方面

(一)菇類毒素

有些菇蕈類含有強烈的毒素，會對肝腎、胃腸、神經末稍產生障礙，甚而造成溶血現象，一般誤食後會有不同症狀。

1.肝腎障礙

死亡率高達 90%，食用後 6 至 24 小時發病，會有噁心、嘔吐、腹痛、心肌發炎，嚴重時會有肝衰竭的現象。

2.胃腸障礙

此類中毒在食後 10 分鐘至 2 小時發病，會有噁心、嘔吐、腹瀉現象。

3.神經障礙

在食用後 2 小時會有多感神經興奮現象，會有胃腸痙攣、嘔吐、腹瀉、淚液、粘液及膽汁分泌增加的現象。

4.溶血現象

攝食後 1 至 2 天內，紅血球會被大量破壞，而有血尿昏迷的現象。

(二)麥角生物鹼

麥角生物鹼常存在於麥類開花時麥角菌寄生，人吃了麥角生物鹼污染的穀類，急性病症會有嘔吐、腹瀉、頭痛、發燒的現象；慢性會有四肢痙攣、精神障礙的現象。

(三)含氰根之糖苷草類

有些植物如樹薯、蘋果、梨、梅、高粱、豌豆含有氰根之糖苷類，經酵素分解或酸作用時，會釋放出氰酸，當氰酸含量 0.5 至 3.5 毫克／公斤時，即會造成中毒現象，即呼吸困難、急促、痙攣、麻痺、昏迷。

(四)甲狀腺腫素

有些植物如甘藍、蘿蔔、水芹菜、桃、梨、草莓含有甲狀腺腫素，會抑制碘的利用，造成甲狀腺素不足而引起甲狀腺腫大。

(五)蛋白酶抑制劑

黃豆、菜豆、綠豆、豌豆含植物中的蛋白酶抑制劑，會抑制蛋白酶的活性，常會抑制胰蛋白酶的作用。

(六)澱粉酶抑制劑

小麥、豆類、芋頭含有澱粉酶抑制劑，對唾液澱粉酶有抑制作用。豆類所含胰蛋白酶抑制劑在100℃，15分鐘加熱過程，會喪失活性。

(七)膽鹼脂酶抑制劑

有些蔬果如茄子、綠花椰菜、蘆筍、蘋果、橙，尤以馬鈴薯長期貯放會發芽，會有美茄鹼（Solanine）。

(八)光過敏毒素

綠藻含有光過敏毒素，人食用後會造成紅斑、搔癢、皮膚水腫或裂開。

(九)水生毒胡蘿蔔素

來自毒胡蘿蔔根部所含的樹脂，在食用後15至60分鐘後，會有唾液分泌增加、噁心、嘔吐、胃痛、口吐白沫、呼吸痙攣的現象。

(十)毒芹

含於未熟的果實植物之根部，食用後在1小時之內，會有神經過敏、運動失調、瞳孔放大、心跳減弱、噁心、痙攣、昏睡、呼吸衰竭的現象。

(圭)水仙花中毒

含在水仙花球莖中，誤食後會有嘔吐、腹瀉、發抖的現象。

(圭)夾竹桃中毒

含於夾竹桃的果實、枝、根、葉中，食後 1 天內會發病，有噁心、頭昏、虛脫、嘔吐、腹瀉、麻痺、視力障礙的現象。

二、動物方面

(一)貝類中毒

有些貝類如蛤蚌，因養殖池中有渦邊毛藻，吃後 30 分鐘之內，會有灼熱、刺痛、頭暈、呼吸困難的現象。

(二)河豚中毒

河豚的卵巢有劇毒，食後 3 小時內，會有手指、腳趾刺痛、四肢麻痺、雙眼呆滯、麻痺的現象。

(三)毒魚中毒

顏色鮮艷的熱帶魚常含有類毒素（ciguatoxin），食後 3 至 5 小時，會有口部麻痺、口乾、水樣糞便、視力模糊、虛脫、麻痺的現象。

㈣組織胺中毒

有些魚類如鰹魚、鯖魚、沙丁魚含高組織胺，食用過多會在 4 小時內造成臉紅、頭昏、頭痛、呼吸急促、血壓下降的現象，因此需選購新鮮魚類。

 # 第六節　化學性食物中毒

化學性食物中毒包括重金屬、食品添加物與農藥所引發的食物中毒，現分述於下。

一、重金屬方面

㈠汞中毒

汞即俗稱水銀，由於被汞污染的河流中捕獲了魚貝，人食用受污染的食物引發中毒事件，會有麻痺、視力減弱、昏迷的現象。

㈡錫中毒

未經過良好處理的錫容器，內放含高酸性的食品會引發錫中毒，常在攝食後 2 小時內，會有嘔吐、噁心、腹痛、下痢的現象。

(三)鉛中毒

　　化學工廠的廢水排出造成水污染，或含鉛器皿盛放酸性飲料會造成鉛中毒，食後 30 分鐘內會有灼熱、腹痛、血便、牙齦變藍的現象。

(四)銅中毒

　　將高酸性飲料放於銅製容器，吃後數小時內會有噁心、嘔吐、下痢、腹痛的現象。

(五)鎘中毒

　　將高酸性飲料放入鎘製容器，或化學工廠鎘排出污染農作物，人吃了含鎘高的農作物會造成鎘中毒，在 30 分鐘之內會有噁心、嘔吐、下痢的現象。

(六)鋅中毒

　　將高酸性飲料放入含鋅的容器，在數小時內會有噁心、嘔吐、頭暈的現象。

(七)三聚氰胺

　　不肖奶粉製造商為增加奶粉中氮的含量而加入三聚氰胺，導致人們喝了含三聚氰胺的毒奶粉及製品，會有腎臟結石甚而鈣化的現象。三聚氰胺在常溫水中溶解度為 0.33%，即 100 公克奶中只可加入 0.33 公克，在家中測試奶粉是否含三聚氰胺的方法如下：*1.* 35 公克奶粉沖入 240cc 水，充分拌勻放入冰箱，待牛奶降溫；*2.*備一塊黑布和空杯一個，將黑布放杯口作過濾器；*3.*將冷卻牛奶倒在黑布上過濾；*4.*如果濾出白色固體，用清水沖洗白色固體幾次，排除其他可溶物；*5.*沖洗後若有白色晶體，可將晶體放入清水中，如果晶體沉入水底就是含三聚氰胺。

二、食品添加物方面

　　由於人類希望食物的選擇更多樣化，在食品製造過程中常添加了食品添加物，食品添加物在合理範圍內有些被允許，有些則會造成食物中毒的現象。

㈠防腐劑

　　常用於水分含量高的食品中，如醬油、果醬、醬菜，但在合理範圍內被允許，以防因水分過多引發的發霉現象。現被禁用的有水楊酸、氟化氫。

㈡抗氧化劑

　　常存於油炸食品中，以防止油脂氧化現象，如速食麵或油炸冷凍食品。

㈢漂白劑

　　如製造蜜餞時常使用，將原來果實的顏色去除再加入自己喜歡的顏色，現被禁用的有吊白塊及過氧化氫。

㈣保色劑

用來保存食品的顏色，如在肉製品中常加入硝酸鹽，可使肉保有好的顏色並可防止肉毒桿菌成長，但其用量需加以限制。

㈤著色劑

有些色素可使食品顏色好看，但有些如奶油黃、硫酸銅、鹽基性桃紅、鹽基性芥黃已被禁用。

㈥鮮味劑

如味精，攝食過量又稱為「中國餐館症」，而會有頸背、胸部灼熱感、面潮紅、頭昏、噁心、頭痛的現象。

三、農藥方面

農藥常含於蔬果內，以下介紹四種常見的農藥。

㈠滴滴涕（DDT）

只要每公斤體重服用 10 毫克，即會有中毒現象，輕微有口唇麻痺、知覺障礙，嚴重會有痙攣無尿的現象。

㈡有機氯殺蟲劑

誤食後輕微症狀為頭痛、頭昏、噁心、嘔吐、腹瀉，嚴重會有意識不明、呼吸困難的現象。

(三)巴拉松

輕微會有頭昏、頭痛、失眠、昏睡的現象，嚴重時呼吸停止而致死。

(四)有機汞殺菌劑

慢性中毒時注意力不能集中、頭痛、失眠，急性中毒會有全身中毒皮膚炎的現象。

第七節　害蟲控制

廚房中常見的害蟲有蒼蠅、蟑螂、螞蟻及老鼠，只要有食物殘渣，這些害蟲將會成長繁殖地十分快速，它們會傳染不同的疾病，現分述於下。

一、蒼蠅

蒼蠅的卵有蛆與蛹兩個階段，在 4 至 5 天後發展成蟲。它的腳被覆蓋著多毛體，翅膀有不潔物，在緊鄰的接觸面上產卵，其身體有許多細菌，在身體及腳上帶有 500 萬以上的細菌，因此會在食物上產卵，食物則會長蛆。預防蒼蠅的方法爲廚房及用餐室裝上紗門紗窗，將垃圾桶及食物蓋好。

二、蟑螂

一次可產 25 至 30 個卵，有 5 年的生命，白天躲在裂縫，晚上再出來覓食，身上有難聞的臭味，身體及胃有細菌，靠污物殘渣為生，常會攜帶細菌，引起人們吃了細菌污染的食物，而有腹瀉、下痢的現象。預防蟑螂的方法為清除積水及水溝之食物殘渣，將食物蓋好。

三、螞蟻

嗜食甜食，藉由攜帶食物，將腳及身體將病原菌污染食物。預防螞蟻的方法為蓋緊垃圾桶，蓋好食物。

四、老鼠

有 2 至 3 年的生命，雌鼠每年產 5 次，每次 6 至 9 隻，生長在廚房裂縫中。身上有跳蚤，傳播斑疹傷寒及鼠疫，有旋毛蟲寄生，會傳染給豬隻及人類。預防老鼠的方法為填滿牆壁門窗的孔洞，蓋緊垃圾桶。

由上可知，預防或使害蟲減少的方法為不讓它們吃，不讓它們住，但餐廳仍需每隔半年由專門的公司來噴藥劑，才能徹底減少害蟲。

第八節　安全防範

　　餐飲機構中常會有突然發生的事件引起危險，常發生的有跌倒、刀傷、燙傷、扭傷、電擊及火災事故，會造成個人疼痛不便、企業財務重大的損失，因此應注意安全防範。

一、跌倒的防範

　　注意地板應有良好修護，對於不安全情況應立刻修護，工作場所保持乾燥，如有潮濕狀況應立刻擦乾，走廊不堆積貨品，應有明亮的燈光，穿著防滑鞋，以防止跌倒。

二、刀傷之防範

　　裝設機器刀片時應戴防護手套，刀刃向下且貯放在刀架上，刀子不可放在水槽內；切割物品時遠離自己的身體，不要用手撿破碎的玻璃。

三、燙傷的防範

　　用乾的護套端取熱盤及熱鍋；鍋子放於鍋架上應很穩定；

避免熱油濺落於外；打開蒸氣鍋蓋時，應從遠離自己身體的一面開，使蒸氣不會直接接觸身體。

四、扭傷的防範

抬舉重物請人協助並以腿部力量來舉起重物；取拿高處用品應用階梯；放下重物時應彎腰抬起。

五、電擊的防範

損壞的電線、插頭應作好修護；同一插座不可用太多延長電線；清理機器設備時，應先關掉開關及拔開電器插頭。

六、火災防範

注意定期檢查瓦斯開關及按合處；知道並實地操作滅火器；先開點火器，再開瓦斯；有瓦斯氣味立刻開門窗。

食品衛生安全的管理，其實員工的衛生是很重要的，員工應注意個人的衣著、手部衛生、處理食物的衛生。在個人衣著方面應穿戴整齊乾淨的衣帽，鞋子應防滑並穿著前頭密閉的鞋；手部不能戴任何飾物及不能有刀傷或任何化膿傷口，隨時將手清洗乾淨，指甲隨時剪短；處理食物時，先洗較乾淨的材料再洗較髒的材料；切割生熟食，刀具與砧板明確劃分並確實使用，生熟食不能放在同一餐盤中。

第12章

食物成本控制

　　在家中製備幼兒的飲食時，父母親常不計成本；然而當經營管理幼稚園時，則需有效地控制食物成本，才能作好成功的經營者，管理者必須作好了解幼稚園餐食供應的基本作業過程，並做好計畫，了解每一步驟並確實掌握每一步驟的重點，注意每一環節，以科學化的方法循序漸進的做好餐食的管理工作。

　　餐食的作業程序包括菜單設計、採購、驗收、貯存、撥發、製備前處理、烹調、供應，每一環節均有其注意事項，方可做作好成功的成本控制，現依序介紹於下。

第一節　成功的成本控制步驟

食物成本控制最重要的步驟在於菜單設計，當一位管理者多花一點心思在菜單設計上，即能掌握食物的質與量，成功的控制成本。

一、菜單設計

菜單設計時應注意下列幾點。

(一)菜式搭配得宜

了解幼兒的飲食喜好，多設計幼兒喜歡的菜餚，不喜歡的菜餚則少出現或不出現，因為設計不喜歡的菜式，剩菜很多也是成本浪費。

(二)注意數量的控制

材料數量應控制得宜，應了解每一位幼兒的飲食量，因在園內幼兒活動設計不一，如果幼兒活動量大，則應設計一些較易於飽足的食物。

(三)物價上漲時應用同等材料來取代

當遇到颱風或下雨季節，蔬果價格會上漲，應用較便宜的蔬果來取代。

(四)應用季節性食物來做菜單設計

由於季節性食物價格便宜且品質好，應多利用做爲菜單設計之用，不要爲求新奇找一些特殊材料，因物以稀爲貴，反而導致成本太高。

二、食物採購

採購影響食物成本很多，採購人員應了解市場的營運狀況、供應廠商、季節性食物、食物的品質等級、採購規格等，如此才能採購到適質、適量的食物。

(一)市場的營運狀況

每一種食物的運銷過程都不一樣，每經過一次所有權轉移，食物的價格就會提高，因此如果了解市場的營運狀況，採購自最近生產者的運銷商則可買到較便宜的材料。

尤以近年來台灣進口很多肉類、蔬果，若可與進口商採購，則可買到較低價格的食品材料。

㈡供應廠商

了解每一種貨源的供應廠商，做好廠商貨品的比價與服務，將資料建檔，採購時就可做選擇。

㈢季節性食物

應將不同季節生長的食物整理好資料，以便做採購之參考。

㈣食物的品質等級

了解台灣市場不同食物的品質與等級，以做為採購參考，一般在做大量採購時，不會以太高價格買最貴的食物，但以中等品質適合價位來考量，切忌以低價買品質低的食物，因除去廢棄後，可能可食的部分會很少，反而提高成本。

㈤採購規格

採購時應註明規格，如食物的品種、廠牌、數量、等級、內容物（淨重、外形、個數），以作為採購之依據。

如果未標示採購規格，有時會買太多材料而造成成本提高。

三、食物驗收

良好的驗收可確保買回來材料的質與量符合需要，驗收時應注意下列事項。

㈠秤重

食物進貨大多需經過秤重的過程，自己應備有一標準秤子，秤子應視進貨貨物數量而定，大約應備有一台 50 公斤秤，每月宜檢查一次秤子，以確保其準確度，現大多用電子秤，十分精準。

㈡點數目

有些貨品如罐頭食品、整袋麵粉、糖、沙拉油等，應清點數目以防短少。

㈢品質

抽樣檢查食物品質，可以目視、鼻聞或以食品檢驗方法來檢查食物品質。

㈣做記錄

每次驗收應詳細核對數量、個數、品質、廠牌做記錄，作為付款之依據，不良貨品退還廠商，但如冷凍或冷藏食品廠商未回收時，應加以適當貯存，至一定時間作好退貨，以防成本太高。

四、食物貯存

食物經過適當貯存可延長其使用，減少損耗，適當的貯存也可控制成本，因有好的貯存空間則可一次大量採購，食物成本可降低。食物貯放應注意下列事項。

㈠有足夠大的貯存空間

應視貯放空間大小來做食物採購。

㈡有好的貯存設備

食物貯放分為乾料、冷藏食品、冷凍食品的貯放。乾料食品宜存放在 5 至 22℃，冷藏食品宜存放在 0 至 7℃，冷凍食品應存放在 − 18℃ 以下，貯存設備之溫度應正確，方可使食物放於適宜溫度而有好的貯存壽命。

在濕度方面亦需注意，相對濕度太高易造成食物發霉。貯存貨物應離地離牆，以放在不銹鋼架為宜。

㈢食物貯放得宜

冷藏食物最好不要重疊放置，方可使材料均勻保有冷度，先存放者先撥出，以使物流通暢。

五、製備前處理

食物製備前處理得宜，可減少成品的損耗，如去除不可食部分若能減少，則成品量則可增加。同時切割得宜如切薄片且大小一致，則成品量看起來較多。

六、烹調

當有好的廚師，食物經過適當烹煮後有好品質的成品，價值感提昇亦是成本控制的好方法。

七、供應

供應量的多寡也是掌控成本之要素，每份份量減少，相對的進貨與使用量少，成本自然就下降了。

 ## 第二節　建立標準食譜

所謂標準食譜是指食譜有正確的材料、數量、份量與操作過程，只要中等能力的人依其材料、作法均可作出相同品質的食物，標準食譜至少 100 人份，下頁為標準食譜之正確範例。

 ## 第三節　食物成本計算

為了方便食物成本的控制，應用下列方式來計算成本，由標準化食譜來做計算，如由表 12-1 所示：炸豬排，100 人份標準食譜中，將食物材料、新鮮材料、乾料依廠商報價逐一放入，將材料價格做總結，再除以一百即為一人的食物成本，當成本太高則可用不同材料來做取代。

表 12-1　標準食譜

菜單：炸豬排　　　份數：100 人份

每份份量：80 公克

材料	數量	操作步驟
豬排	7.5 公斤	1. 豬排切成每片 75 公克，經拍打後加醃料拌醃。
醃料　醬油	1 杯	2. 鍋中熱油，油熱放入炸成金黃色。
糖	$\frac{1}{4}$ 杯	
酒	2 大匙	
太白粉	2 杯	
麵粉	2 杯	
沙拉油	6 杯	

第四篇

幼兒飲食型態與營養教育

第13章

不良飲食行為之矯正

　　幼兒良好飲食習慣的養成奠定他日後的生活規範，本章僅就良好飲食習慣的建立及不良飲食行為，如偏食、食慾不振、飲食過量等加以探討。

 ## 第一節　良好飲食習慣的建立

　　良好飲食習慣包括均衡的飲食攝取、選擇正確的飲食時間及良好的飲食禮貌。

一、均衡的飲食

　　幼兒應均衡地攝取六大類食物，並攝取適當的份量，下表為行政院衛生署對幼兒飲食的建議量。

表 13-1　幼兒每日飲食攝取量

食物 ＼ 年齡	1 至 3 歲	4 至 6 歲
牛奶	2 杯	2 杯
蛋	1 個	1 個
豆腐	$\frac{1}{3}$塊	$\frac{1}{2}$塊
魚	$\frac{1}{3}$兩	$\frac{1}{2}$兩
肉	$\frac{1}{3}$兩	$\frac{1}{2}$兩
米飯及五穀類	1 至 $1\frac{1}{2}$ 碗	$1\frac{1}{2}$碗至 2 碗
油脂	1 大匙	$1\frac{1}{2}$大匙
蔬菜	2 兩	3 兩
水果	$\frac{1}{3}$個至 1 個	$\frac{1}{2}$個至 1 個

資料來源：行政院衛生署。

二、正確的飲食時間

　　幼兒胃容量可在三餐之外再加二次點心，點心以早點、午點為宜，最好不要供應宵夜。

　　點心的供應宜在正餐前 1 個半小時至 2 小時，因此最好在上午 10 點或下午 3 點。

三、良好的飲食禮節

　　進食時宜坐好不亂跑；不要邊看電視邊吃東西；吃飯時以快樂和感謝來接受食物，不要養成小孩吃飯時批評食物的習慣。吃前洗手，飯後漱口，掉在地上的食物不可拿起來吃，不可隨意敲打餐具，吃東西時不出聲，飲食速度不宜太快或太慢，應細嚼慢嚥。

第二節　不良飲食習慣的矯正

　　幼兒的不良飲食習慣，如偏食、食慾不振、飲食過量等，可用下列方法來矯正。

一、偏食

　　每一個人生長背景不同，在不同的文化中有不同的飲食禁忌，幼兒對食物的觀念大多來自父母與老師，因此幼兒偏食習慣常受父母及師長影響。

　　由於食物有六大類，當幼兒在同一類食物中只有一、二種不喜歡，仍可從同一類中其他食物獲得營養，對身體健康並無大礙。但同一類食物沒有一樣喜歡時則應改善，如有些小孩喜歡肉類食物，對蔬菜則完全不吃，如此會影響身體健康，應加以注意。

　　為改善偏食習慣則父母師長應作好榜樣，不可在小孩面前批評食物或不採購自己不喜歡的食物，以免小孩永遠無法接觸它，不會享用它。

　　注意菜單設計，應考慮色、香、味、質感、稠度、盤子外形、盤飾、溫度、火候、熟度。設計出來的菜色吸引小孩，味道有變化，但不宜太鹹、太辣、太酸，宜用較中性調味。

　　由於小孩牙齒尚未長好，因此食物應烹煮至適宜的軟硬度，太硬或太長都不適合小孩食用，不適宜每道菜勾芡。注意盤子外形小巧可愛，但不宜用容易打碎的陶瓷或玻璃器皿，注意溫度不宜太燙，東西均煮熟以防寄生蟲感染。最好的偏食治療是讓幼兒與同儕一起吃飯，將他與喜歡某類食物的小孩一起進食，則可改善其偏食習性。

二、食慾不振

由於近年來幼兒生活空間大多在室內，活動量減少、熱量消耗減少，因此不宜給予高熱量食物，當小孩食慾不振時應找出原因，看他是不是因為活動量不夠或因疾病引起，或因攝取過量的脂溶性維生素所引起。

若因疾病引起的食慾不振應找出原因，先將病醫好才可作治療，如扁桃腺發炎會造成吞嚥困難當然吃不下飯，當他吃了藥使生理狀況改善，則自然吃得下飯。注意菜色之調配與烹調技巧，小孩對食物就會有好感。若沒有改善，應找醫師診治。

三、飲食過量

一般小孩生理機能正常時，飲食過量則易造成肥胖，小孩若飲取過量應用下列方法來矯正。

㈠改變配菜及烹調方法

菜單設計時宜用葷素拌合或素菜，不宜用含油量高的食物，如加沙拉醬或肉燥、炸豬排。

烹調方法宜用不加油之方法，如煮、烤、紅燒、川燙。

㈡改變材料切割方法

如切細絲較整片、整塊看起來量較多，切薄片較切塊視覺較多，可以增加幼兒在進食時心理上的滿足感，減少一些不必要的熱量攝取。

㈢改變小孩進餐程序

讓小孩先喝湯再吃蔬菜，讓胃先有一些較低熱量的食物，可以減少在正餐時油脂、醣類等熱量較高食物的攝取。

㈣改變小孩對食物的選擇

減少高熱量及高脂肪食物的供應，多提供蛋白質、纖維素含量高的食物，如供應肉類時，將肉皮及肥肉切掉，只用瘦肉部分；儘量多吃新鮮蔬菜及水果，而不讓小孩喝果汁。

㈤細嚼慢嚥

不要狼吞虎嚥，細嚼慢嚥可以享受食物美味，也可以使胃腸有充分的時間分泌足夠的消化液，促進食物的消化吸收及減少胃腸負擔。在群體生活中，細嚼慢嚥的幼兒在相同的進食時間裡，會較其它狼吞虎嚥的幼兒攝取較少量的食物。

㈥不邊吃邊聊天

用餐時聊天或看電視很容易因進食時間延長，幼兒在不知不覺中養成過度進食習慣。

㈦不以食物為代替品

當幼兒心情不佳時，不以食物來作為取代，消除其怒氣之

用，更不可以食物（如糖果或去速食店用餐）作爲對幼兒的獎
勵方式，以避免幼兒從小養成對食物不正確的價值觀。

㈧家中不要有太多零食

當家中有很多零食，小孩則有很多吃食物的機會，因此應
少買零食，可以新鮮水果來取代糖果、餅乾等甜食。家中若有
零食，也應存放於幼兒較不易看到或取得的地方，以減少攝取
零食的頻率。

第14章

幼兒的營養教育

　　飲食與健康有著重要的關係，近幾年國人的健康狀況亮了紅燈，營養不均衡造成了許多疾病，行政院衛生署公布了 2007 年的十大死因，依序為惡性腫瘤、心臟疾病、腦血管疾病、糖尿病、事故傷害、肺炎、慢性肝病及肝硬化、腎炎、腎徵候群及腎性病變、自殺、高血壓性疾病；其中有八大死因與飲食有關，因此營養教育的工作應即早開始。

　　人們飲食習慣的建立，除了受家庭影響外，學校亦是一個重要的場所，同儕的影響會改變小孩的飲食習性，因此幼兒營養教育可在幼稚園內實施。

　　營養教育的實施必須有好的引導者，其實父母與老師是最適合的教導者，亦是小孩認識食物與營養素的啟蒙者，教導小孩認識的程序一定由具體的實物導引至抽象的概念，由簡單至繁雜，由淺至深，早期培養正確的飲食行為，建立均衡膳食的習慣，才能奠定國民健康的基礎。

 # 第一節　以營養為中心的單元活動設計

　　幼稚園教師在做營養單元設計時，可以自由聯想的方式，如圖 14-1 所示，可將營養的概念分為營養素的認識、食物的認識、均衡的營養、身體的認識、良好的飲食習慣、飲食禮節、衛生安全、飲食搭配、環保教育、觀摩等單元；在每一單元中設計活動，每一活動的格式，可列出主題、教學目標、具體目標、教材、教具製作、教學過程、評量，依格式來設計營養教育單元及內容。

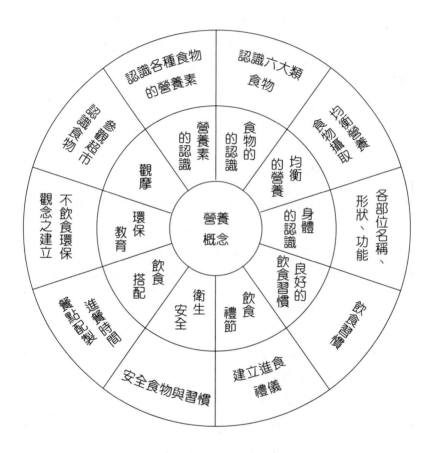

圖 14-1 以營養爲中心的單元活動設計

主　　題	均衡的營養
教學目標	1. 讓小朋友認識六大類食物。 2. 每類食物所含的營養素。
具體目標	六大類食物分類之概念建立，每天吃六大類食物的必要性。
教　　材	1. 參考營養書籍。 2. 廣告中食物的圖片。 3. 真正的食物。
教具製作	1. 用實物來做介紹，買各種不同的食物，讓小朋友能從真正的食物中做分類。 2. 能說出不同食物中的主要營養成分，需製作不同營養素的牌子，讓小朋友由食物與營養素做配對。
教學過程	1. 將廣告中食物的圖片剪下來。 2. 可買六大類食物，每類各買 1 至 2 種。 3. 小朋友談論他最喜歡的食物。 4. 與小朋友討論均衡飲食每日所需吃的食物。 5. 讓小朋友能將某種營養素高的食物區分出來。
評　　量	1. 能將各類食物分類。 2. 了解每類食物所含的營養素。 3. 小朋友應了解每天應吃哪幾類食物。 4. 知道不偏食是很重要的。

主　　題	好品質蛋白質
教學目標	小朋友確實能做到區分不同食物中，蛋白質品質的好壞。
具體目標	能分辨不同類別食物蛋白質品質的高低。
教　　材	1. 六大類食物。 2. 不同類食物實體。
教具製作	以海報紙作出不同食物實體。
教學過程	1. 引起動機：向小朋友說明蛋白質對身體的重要性。 2. 每一種食物蛋白質的品質。 3. 利用畫圈圈的方式，將好品質蛋白質給五分，即畫五個圈圈，中等品質的蛋白質畫四個或三個圈圈，不好品質的蛋白質畫兩個或一個圈圈。 4. 老師先以食物來畫圈圈，再由小朋友來歸類並畫出。 5. 由高至低圈圈將食物由蛋白質品質好排至品質差的。
評　　量	有 $\frac{3}{4}$ 的小朋友能將食物由蛋白質品質好排至品質差。

主　　題	各類食物的來源
教學目標	讓小朋友認識不同食物的來源。
具體目標	1. 讓小朋友認識食物從哪裡來。 2. 各種食物的生產過程。
教　　材	1. 可自己製作食物生產流程的海報為教學用。 2. 參考書局有關食物生產的資料。
教具製作	以海報紙作出食物生產地的圖片。
教學過程	1. 和小朋友討論我們吃的六大類食物從哪裡來。 2. 準備各種食物生產地的圖片，如養豬場、菜園、果園、牧場。 3. 讓小朋友由老師教學中知道每類食物生產過程。 4. 使小朋友了解每類食物得之不易，更應珍惜每天吃的食物。
評　　量	1. 小朋友能將每天吃的食物與生產地的圖片，一一核對。 2. 能說出一至二類食物的生產過程。

主　　題	米從哪裡來
教學目標	認識稻米的成長過程。
具體目標	讓小朋友能珍惜每一粒米飯。
教　　材	1. 稻子成長圖片。 2. 有關稻米成長的書籍。
教具製作	以書籍來介紹稻米成長過程。
教學過程	1. 取白米讓小朋友觸摸白米的感覺，看米粒的外形、顏色。 2. 讓幼兒自己種植稻米，每日記錄稻子的成長過程。 3. 介紹米煮成飯的消化率提高，珍惜碗中米粒。
評　　量	讓幼兒能將稻子成長過程之順序正確的排列出來。

主　　題	認識蔬菜
教學目標	1. 能認識 5 種蔬菜的名稱。 2. 能了解蔬菜對身體的重要性。
具體目標	1. 能說出 5 種蔬菜菜名。 2. 能知道蔬菜的種法。 3. 能洗菜、切菜。
教　　材	1. 將 5 種不同顏色或不同特性的蔬菜畫在卡片上。 2. 實際買回來新鮮的蔬菜。
教具製作	1. 製作 5 種不同的蔬菜。 2. 採購 5 種蔬菜。
教學過程	1. 採購 5 種不同的蔬菜，如白菜、紅蘿蔔、白蘿蔔、綠花椰菜、菠菜。 2. 製作上述 5 種蔬菜的圖片。 3. 讓小朋友將新鮮蔬菜與圖片相連結，認識蔬菜有不同的顏色與形狀，並解釋蔬菜的種法。 4. 小朋友應認識蔬菜含有高的纖維素，有利於清除腸道的髒東西。 5. 取不利的塑膠刀讓小朋友將菜切成不同形狀，再由老師將菜煮成菜湯或炒熟作分享。
評　　量	1. 小朋友可列出 5 種蔬菜名稱。 2. 能了解蔬菜的種法。 3. 能了解蔬菜中纖維素對人體的好處。

主　題	早餐的食物
教學目標	1. 認識早餐常吃的食物名稱。 2. 讓小朋友知道早餐的重要性。
具體目標	1. 小朋友能認識 3 種以上早餐的食物。 2. 不吃早餐會影響一天的精神。
教　材	老師以海報或圖片作出各種不同早餐組合菜單。
教具製作	1. 可買現成早餐食物，如豆漿、油條、燒餅、稀飯、肉鬆、青菜、三明治、漢堡。 2. 亦可由圖片剪報做各種食物的剪貼。
教學過程	1. 老師先問小朋友早餐吃什麼食物，請小朋友自己說出來。 2. 小朋友有沒有不吃早餐，為什麼？ 3. 不吃早餐的缺點。 4. 早餐食物好的組合與不好的組合。
評　量	1. 小朋友可說出早上所吃的食物名稱。 2. 小朋友可了解不吃早餐的害處。 3. 能了解哪些早餐食物的搭配是好的，哪些是不好的。

主　　題	蔬果沙拉吧
教學目標	1. 讓小朋友認識不同形狀、顏色、組織、風味的蔬菜、水果。 2. 建立小朋友水果生食的習慣。 3. 認識可生食的蔬菜。
具體目標	1. 小朋友可認識 3 種以上的蔬菜、水果。 2. 不同蔬菜、水果的顏色、外形、組織與風味。 3. 小朋友會洗蔬菜、水果、動手做家事。
教　　材	讓小朋友以不同顏色、形狀、組織、風味的蔬菜、水果為教材。
教具製作	以不同的蔬菜、水果，如生菜、小紅蕃茄、小黃瓜、紅蘿蔔、蕃石榴、西瓜、柳丁為主要材料。
教學過程	1. 老師先讓小朋友認識不同的蔬菜、水果的名稱。 2. 老師教小朋友洗淨生菜葉並用手撕成一口大小，小紅蕃茄去硬蒂，小黃瓜以塑膠刀斜切成薄片，蕃石榴、西瓜、柳丁切片。 3. 由小朋友將不同的蔬果放於不同的器皿中。
評　　量	1. 小朋友能說出 3 種以上蔬菜、水果的名稱。 2. 小朋友能洗菜並切菜。 3. 小朋友能知道蔬菜、水果對身體的好處。

主　題	雞蛋食譜製作示範
教學目標	1.讓小朋友了解雞蛋的構造。 2.讓小朋友了解雞蛋的營養。 3.讓小朋友了解雞蛋食譜的製作。
具體目標	1.了解蛋有蛋殼、蛋白、蛋黃、卵帶。 2.了解雞蛋含有很好品質的蛋白質、脂肪、醣類、維生素、礦物質。 3.知道什麼是荷包蛋、炒蛋、煮蛋。
教　材	1.以生的雞蛋為教材。 2.準備煮鍋、煎鍋。
教具製作	1.取生的雞蛋，洗淨蛋殼作教具。 2.作營養成分的海報。
教學過程	1.取生的雞蛋一個，洗淨外殼，將蛋去外殼放平盤，讓小朋友看蛋的結構。 2.另外取兩個蛋，去外殼，放少許油於平鍋，待油熱將蛋去外殼放平鍋煎熟，做成荷包蛋。 3.另外取三個蛋，去外殼，打勻加少許鹽，再放少量油於鍋中，將蛋炒成蛋塊。 4.取兩個蛋，洗淨放冷水中煮滾計時 12 分鐘，取出去殼，對切讓小朋友看蛋黃的色澤。
評　量	1.小朋友能叫出蛋殼、蛋白、蛋黃，並知道所在部位。 2.知道蛋使用前應洗淨。 3.知道蛋是很營養的。 4.能知道炒蛋、荷包蛋、煮蛋的作法。

主　　　題	作泡菜
教學目標	*1.* 小朋友認識白蘿蔔、紅蘿蔔、小黃瓜。 *2.* 認識白蘿蔔、紅蘿蔔需要削皮，小黃瓜不需削皮。 *3.* 蔬菜的切法。
具體目標	*1.* 認識根莖類及瓜果類蔬菜。 *2.* 知道蔬菜的吃法。 *3.* 小朋友喜歡泡菜，能喜歡吃蔬菜。
教　　材	取白蘿蔔、紅蘿蔔、小黃瓜作教材。
教具製作	*1.* 以白蘿蔔、紅蘿蔔、小黃瓜為材料。 *2.* 用海報畫出小菱形塊的切法。
教學過程	*1.* 老師先行介紹白蘿蔔、紅蘿蔔及小黃瓜是如何種出來的。 *2.* 取白蘿蔔一根、紅蘿蔔一根、小黃瓜二根，紅白蘿蔔削去外皮，小黃瓜去頭尾洗淨。 *3.* 老師先將白蘿蔔、紅蘿蔔、小黃瓜切成一公分寬條，由小朋友拿不利的塑膠刀切成一公分塊狀。 *4.* 老師示範將少許鹽加入蔬菜丁中，約 10 分鐘後去掉鹽水，再加糖、醋拌醃一小時。
評　　量	*1.* 小朋友能說出白蘿蔔、紅蘿蔔、小黃瓜。 *2.* 小朋友能認識根莖類及瓜果類。 *3.* 小朋友能切蔬菜丁。 *4.* 小朋友能知道糖醋味道。

主　　題	逛超市
教學目標	1.讓小朋友能認識各種不同的食物。 2.能分辨新鮮奶、蛋、魚、肉、蔬菜、水果。
具體目標	1.讓小朋友能說出自己喜歡的食物名稱。 2.使小朋友能彼此分享喜歡的食物。 3.小朋友能對自己不喜歡的食物說出不喜歡的理由。
教　　材	以逛超市為主，超市的新鮮材料為真實的教材。
教具製作	逛超市之前先讓小朋友認識六大類食物，因此老師可以海報畫出各種不同食物的外形，作教學之用。
教學過程	1.逛超市前一星期小朋友先由海報的圖片中，認識各種不同的食物名稱。 2.老師帶小朋友在人不是很多的超市認識新鮮的牛奶、魚、肉、蔬菜、水果。 3.回到教室中，老師可與小朋友討論各種食物名稱，小朋友自己最喜歡的食物與不喜歡的食物，並說出理由。 4.老師應給予小朋友均衡營養的概念，糾正小朋友偏食的習慣。
評　　量	1.小朋友能說出3種以上食物的名稱。 2.小朋友能分享喜歡與不喜歡某些食物的理由。 3.小朋友對於自己的飲食習慣的缺失能正確認識。

主　　題	種豆芽菜
教學目標	1. 能認識綠豆與綠豆芽。 2. 能知道植物的生長過程。
具體目標	1. 綠豆芽的成長過程。 2. 綠豆芽成長過程所需的養分。
教　　材	綠豆約 4 兩。
教具製作	取新鮮綠豆、棉花、保利龍碗。
教學過程	1. 準備綠豆、棉花、保利龍碗。 2. 將棉花加水弄濕，放保利龍碗，撒上少許綠豆芽，放在教室陰涼的地方，每天撒少許水。 3. 待 2 至 3 天後可看出綠豆長出嫩芽。
評　　量	1. 讓小朋友說出綠豆與綠豆芽的顏色、形狀的不同點。 2. 小朋友在一星期內看出綠豆芽的成長過程。 3. 小朋友了解蔬菜種植不容易，更應珍惜所種的植物，並好好享用它。

主　　題	食物的保存
教學目標	認識食物的保存方式。
具體目標	知道食物保存期限所代表的意義。
教　　材	找尋有關食品加工的書籍，將內容生活化並精簡之。
教具製作	買現成的罐頭、蜜餞、蘿蔔乾、冷凍食品。
教學過程	1. 向幼兒解說市售食品的保存方法，如冷凍、冷藏、醃漬、乾製、罐裝。 2. 讓幼兒發表媽媽由市場買回來食物的處理。 3. 與幼兒討論如何辨識食品上的標示。 4. 與幼兒討論如何辨識過期食品，過期食品如何處理，吃了過期食品對身體健康的害處。
評　　量	1. 會辨認食品標示日期。 2. 能與他人分享過期食品的經驗。

主　　題	餐桌禮儀
教學目標	教導幼兒認識基本的餐桌禮儀。
具體目標	1. 小朋友對於中西餐具應有基本的認識。 2. 對日常生活中常吃食物使用的餐具應有充分的了解。 3. 依不同年齡小朋友教導的內容應有差距，年齡輕的應教導較簡單的。
教　　材	找尋市售有關飲食器皿的書籍來作資料。
教具製作	以現成的筷子、碗盤、湯匙、刀叉為教具。
教學過程	1. 請幼兒發表每日吃的食物，不同食物所用的餐具。 2. 比較中西餐具的差異。 3. 中西餐具的持拿方法。 4. 在吃飯時應注意哪些餐桌禮儀。
評　　量	1. 能正確使用不同的餐具。 2. 吃飯時應有良好的禮貌。

第二節　親子互動的營養教育

　　幼兒除了在幼稚園接受教育之外，家庭是幼兒成長最基本的場所，父母親的營養觀念對小孩的影響很大，因此應教導幼兒從親子共同進行的活動中，吸收正確的營養觀念，感受父母的愛心，進而增進親子的感情。

　　由幼兒親自參與家事自己作的活動中，獲得具體的知識與經驗，可使幼兒手眼協調能力增強，認識不同食物的名稱、形狀、顏色、質感，使小孩由操作中使得創造力、想像力及數量的概念得以建立。

　　為使親子營養教育能成功，應掌握下列要訣：

　　1.父母親隨時吸收新知。

　　2.父母親應找到正確的資訊來源。

　　3.父母親將吸收的營養知識，在日常生活中實踐。

　　4.以簡單、易操作的菜餚，教導小孩自己作簡單且營養的餐食。

參考文獻

中文部分

王果行、邱志威、章樂綺、盧義發、蔡敬民（1992）。**普通營養學**。台北市：匯華圖書。

王家仁（1993）。**食品加工概論**。台北市：食品工業研究所。

王逸芸、林惠芳（1990）。**幼兒教保活動設計**。台北市：龍騰文化。

行政院消費者保護委員會（1996）。**消費者手冊**（頁27-30）。台北市：作者。

行政院衛生署（1994）。**中華民國飲食手冊**。台北市：作者。

行政院衛生署（1994）。**台灣地區食品成分分析表**。台北市：作者。

行政院衛生署（1994）。**建議國人每日營養素食取量表及說明**（修訂第五版）。台北市：作者。

李寧遠、朱裕誠、張治平、謝明哲、高美丁（1991）。民國75～77年台灣地區膳食營養狀況調查。**中華民國營養學會雜誌，16**（1-2），39-62。

李寧遠等（編審）（1989）。**中華民國飲食指標**。台北市：行政院衛生署。

洪久賢（1988）。**兒童營養**。台北市：五南。

洪若樸（1996）。**幼兒營養指南**。台北市：婦幼家庭。

美國黃豆協會（1991）。**雞肉消費手冊**。台北市：作者。

馬同江、張志明、陳曾三（1993）。**兒童的營養與食譜**。台北市：國際村文庫書店。

高美丁、黃惠煐、曾明淑、李寧遠、謝明哲（1991）。民國75～77年台灣地區膳食營養狀況調查——體位測量（II）。**中華民國營養學會雜誌，16**（1-2），87-100。

陳百合、謝巾英、廖秀宜（1996）。**最新兒科護理學**。台北市：華杏。

陳志朗（1996）。簡介食品標示。**現代肉品，26**，14-17。

游素玲（1996）。以 BMI 百分位分布界定肥胖指標。載於**中華民國營養學會 22 週年會會員手冊**（頁 41-42）。

黃伯超、游素玲（1983）。**營養學精要**。台北市：台北市合作書刊出版合作社。

黃玲珠、蕭清娟（1998）。**幼兒營養與膳食**。台北市：合記圖書。

黃惠美等（譯）（1995）。L. R. Marotz 等著。**幼兒健康、安全與營養**。台北市：心理。

楊乃彥、陳玉舜、何偉瑮、李菁菁、蔡文藤、詹仲舒（1997）。**新編營養學**。台北市：華杏。

廖啓成（1993）。**微生物學概論**。台北市：食品工業研究所。

潘文涵等（1998）。**1993～1996 年國民營養狀況變遷調查結果**。台北市：行政院衛生署。

蔡秀玲、郭靜香、蔡佩芬（1991）。**生命期營養**。台北市：藝軒。

鍾美雲（1993）。肥胖兒童體重控制計畫文獻及現況探討。**學校衛生**，**22**，39-47。

英文部分

Sherer, K., & Davis, J. R. (1994). *Applied nutrition and diet therapy for nurses*. New York: W. B. Saunders Company.

Jelliffe, D. B., & Jelliffe, E. F. P. (1990). *Growth monitoring and promotion in young children*. Oxford: Oxford University Press.

Lifshitz, F. (1995). *Childhood nutrition*. Boca Raton, FL: CRC Press Inc.

Mclaren, D. S., & Burman, D. (1982). *Textbook of paediatric nutrition*. New York: Churchill Livingstone.

Nancy, J., & Poleman, C. M. (1995). *Nutrition: Essential and diet therapy* (7th ed.). New York: W. B. Saunders Company.

Peggy, S. (1992). *Nutrition and diet therapy* (2nd ed.). Sudbury, MA: Jones and Bartlett Publishers.

Pipes, P. L. (1989). *Nutrition in infancy and children* (4th ed.). New York: Mosby.

Robinson, C. H., Lawler, W. L., Chenoweth, & Garwick, A. E. (1990). *Normal and therapeutic nutrition* (17th ed.). New York: Macmillan.

Williams, S. R., & Worthington-Roberts, B. S. (1992). *Nutrition thoughout the life cycle* (2nd ed.). New York: Mosby.

筆記欄

筆記欄

國家圖書館出版品預行編目資料

幼兒營養與膳食／董家堯、黃韶顏著.
--二版.--臺北市：心理，2009.06
面；　公分.--（幼兒教育系列；51127）

ISBN 978-986-191-277-6（平裝）

1. 育兒　2. 小兒營養

428.3　　　　　　　　　　　　98009181

幼兒教育系列 51127

幼兒營養與膳食（第二版）

作　　　者：董家堯、黃韶顏
責任編輯：郭佳玲
總 編 輯：林敬堯
發 行 人：洪有義
出 版 者：心理出版社股份有限公司
地　　　址：台北市大安區和平東路一段 180 號 7 樓
電　　　話：(02) 23671490
傳　　　真：(02) 23671457
郵撥帳號：19293172　心理出版社股份有限公司
網　　　址：http://www.psy.com.tw
電子信箱：psychoco@ms15.hinet.net
駐美代表：Lisa Wu（Tel：973 546-5845）
排 版 者：臻圓打字印刷有限公司
印 刷 者：東縉彩色印刷有限公司
初版一刷：1999 年 10 月
二版一刷：2009 年 6 月
二版二刷：2012 年 10 月
I S B N：978-986-191-277-6
定　　　價：新台幣 270 元